MANY-CORE PROCESSOR
— PRINCIPLE, DESIGN AND OPTIMIZATION

众核处理器
—— 原理、设计与优化

李兆麟 王明羽 魏少军 ◎ 著

Li Zhaolin　Wang Mingyu　Wei Shaojun

清华大学出版社

北京

内 容 简 介

本书针对众核处理器，重点介绍瓷片式众核处理器的架构、运算资源、存储、通信以及能耗与温度等关键技术。书中介绍了时空局部性感知的自适应 Cache 设计、混合快速突发支持的片上网络、基于流程序同构多线程和核心联合的调度策略、基于虚拟电路交换的片上网络混合策略、片上网络众核编译框架协同设计技术、基于温度管理的任务映射机制等多种众核处理器的设计与优化技术。

本书主要面向高年级本科生、硕士和博士研究生及相关工程技术人员，对从事众核处理器设计与实现方面的研发人员有很好的指导意义。

图书在版编目(CIP)数据

众核处理器：原理、设计与优化/李兆麟，王明羽，魏少军著. —北京：清华大学出版社，2021.2
ISBN 978-7-302-56746-2

Ⅰ．①众…　Ⅱ．①李…②王…③魏…　Ⅲ．①微处理器　Ⅳ．①TP332

中国版本图书馆 CIP 数据核字(2020)第 211050 号

责任编辑：王　芳
封面设计：李召霞
责任校对：时翠兰
责任印制：宋　林

出版发行：清华大学出版社
　　　　　网　　　址：http://www.tup.com.cn，http://www.wqbook.com
　　　　　地　　　址：北京清华大学学研大厦 A 座　　　　　邮　　编：100084
　　　　　社 总 机：010-62770175　　　　　邮　　购：010-83470235
　　　　　投稿与读者服务：010-62776969，c-service@tup.tsinghua.edu.cn
　　　　　质量反馈：010-62772015，zhiliang@tup.tsinghua.edu.cn
　　　　　课件下载：http://www.tup.com.cn，010-83470236
印 装 者：三河市中晟雅豪印务有限公司
经　　销：全国新华书店
开　　本：186mm×240mm　　印　张：9　　　　　字　　数：198 千字
版　　次：2021 年 2 月第 1 版　　　　　印　　次：2021 年 2 月第 1 次印刷
印　　数：1～1200
定　　价：99.00 元

产品编号：088957-01

前 言
PREFACE

处理器已经进入多核与众核时代。多核与众核处理器已占 85％以上的市场份额。随着高性能计算、媒体应用、人工智能、大数据以及信号处理等领域的快速发展,众核处理器正成为处理器架构的主要发展方向。例如在实时多媒体应用、信号处理、科学计算和网络领域的计算密集型应用,要求处理器必须提供非常高的计算密度和每秒几十亿次操作的性能。传统的通用架构处理器性能偏低,能耗偏高,已经不适合计算密集型应用。众核处理器能有效地利用廉价晶体管提供高密度计算,且具备可编程灵活性,因而受到了学术界和工业界越来越广泛的关注。

近年来,不同领域的应用算法越来越复杂多样,需要处理的数据量也越来越大,但某些应用不具有良好的天然并行性。这导致众核处理器即使采用仔细的任务划分进行并行计算,但是线程间频繁的通信开销也会大大削弱通过并行计算所获得的加速比收益,性能、存储、能耗问题日益严重。因此,本书共分 6 章,针对众核处理器重点介绍架构优化、运算资源优化、存储优化、通信优化以及能耗与温度优化等方面的关键技术进行讲解。

第 1 章是绪论。首先从微电子领域的摩尔定律和丹纳德缩减定律出发,论述了当前处理器的发展方向,回顾了应用的特性和处理器设计的发展历程和关系,概括了目前处理器正朝着新架构和众核化方向发展的趋势。其次,从发掘指令级并行度、提高运算资源利用率以及编程灵活性等多方面引出本书主要讨论的众核处理器。最后,对众核处理器涉及的设计难点、挑战和关键技术进行了综述。

第 2 章介绍众核处理器架构。首先从计算、存储、通信三方面概述了处理器架构的设计与优化技术。其次从该架构的存储机制、存储层次结构、共享和私有 Cache 以及片上网络通信机制等多方面详细介绍瓷片众核处理器架构。最后综述了国内外优秀研究成果,并对比其优势和缺陷,为众核处理器架构设计,尤其瓷片众核处理器架构设计与优化提供了技术方案参考。

第 3 章介绍众核处理器存储优化技术。首先介绍了存储层次结构和优化目标。其次系统介绍了时空局部性感知的自适应 Cache 设计,实现了对应用程序实际时间局部性和空间局部性的动态监控,并分别讨论了基于共享末级 Cache 模型和基于私有末级 Cache 模型的两种自适应 Cache 结构。最后介绍混合快速突发支持的片上网络,明显提升瓷片众核处理器的存储访问效率。

第 4 章介绍处理器核运算资源优化技术。首先介绍一种基于流程序同构多线程和核心联合的调度策略来提高流架构的运算单元利用率,其次介绍一种运算单元利用率感知的核心映射和调度策略,用以提高片上网络多核流处理器的运算单元利用率,同时考虑能量消耗。

第 5 章介绍基于片上网络的通信优化技术。提出基于虚拟电路交换的片上网络混合策略,以及最小化通信延时和功耗的路径分配算法,并介绍片上网络众核编译框架协同设计技术。

第 6 章介绍众核处理器能耗与温度优化技术。讨论众核处理器能耗和温度优化的原理以及相关数学模型,分别从处理器核指令调度和众核多任务调度两方面实现了处理器能耗和温度优化。首先提出了一种面向漏电功耗和温度控制协同优化的指令编译设计流程,可以有效地实现功耗和温度的同时优化。其次提出一个基于温度管理的任务映射机制,通过平衡多任务负载实现峰值温度的最优化。最后为了减少引入额外的通信开销提出了子网格分配策略,综合考虑了当前的计算核温度、临近核的温度影响、物理位置的影响,以及通信开销,提高性能的同时避免温度优化损失。

本书偏重于介绍众核处理器的设计与优化技术,对从事众核处理器设计与实现方面的研发人员有很好的指导意义。本书的作者长期从事研究生与本科生教学与指导工作,因此本书对从事众核处理器研究的研究生也有很好的指导意义。

感谢蒋国跃博士和曹姗博士对本书撰写工作做出的极大贡献,两位博士在博士生期间的研究工作支撑了本书部分章节的撰写。李兆麟统筹规划全书结构,王明羽负责书稿撰写工作,本书的全部研究成果都是在魏少军与李兆麟共同指导下完成的。

感谢清华大学出版社的大力支持,编辑老师认真细致的工作保证了本书的质量。

由于著者水平有限,书中难免有不足之处,恳请读者批评指正!

著者

2020 年 10 月

目 录
CONTENTS

第1章

绪　　论

1.1　处理器发展概述

过去几十年,摩尔定律(Moore's Law)[1]和丹纳德缩减定律(Dennard Scaling)[2]引领了处理器设计的发展方向。随着纳米时代的到来,晶体管物理尺寸的缩减趋势不断减缓,漏电流和次生效应更加凸显,这导致了丹纳德缩减的提前终结[3]。因此,处理器在满足性能需求的同时还要考虑能耗限制,这给处理器的设计带来了新的挑战。过去的研究实践表明,多核处理器可以通过成功发掘应用的并行度以获得良好的性能收益,这在一定程度上获得了性能和功耗的折中(Tradeoff)。

近年来,随着高性能计算、媒体应用以及信号处理等领域的快速发展,不同应用呈现的特点越来越复杂多样,规模也越来越大,其中某些应用不具有良好的天然并行性,即使可以通过仔细的任务划分采用多线程的方法进行并行计算,线程间频繁的通信开销也会大大削弱并行计算所获得的加速比收益。因此,多核处理器的发展遇到了困难。同时,随着微电子工艺的发展,芯片的集成度继续增加,暗硅效应(Dark Silicon)越来越明显[4-5],在功耗和应用并行性的限制下,在同一芯片上能够被同时利用的晶体管数量和比例越来越少[6],这导致靠增加晶体管集成度和采用多核处理器技术将难以得到处理器性能的进一步提升。在晶体管尺寸进一步缩减的情况下,暗硅效应等问题导致传统多核处理器技术的发展遇到了困难[7],并且这些问题给未来处理器的设计带来新的挑战。因此,处理器的设计和优化不得不继续寻求新的思路。

从处理器设计和优化的角度出发,通常所关心的应用特性包括计算特性、存储访问特性以及通信特性等。具体来看,计算特性又可以进一步细分为控制流特性和数据流特性等。存储访问特性主要包括应用对存储单元的加载(Load)/存取(Store)操作的规则性、时间局部性和空间局部性等。通信特性主要是指在多核处理器系统中应用的多线程之间数据传输、消息发送或者线程同步等。研究表明,应用特性的变化引领着处理器设计和优化的方向。例如,冯·诺依曼(Von Neumann)体系结构的处理器主要面向应用的控制流特性[8],其最大的特点是程序计数器(Program Counter)可以精确定位应用的控制流,这给程序员的编程和调试带来了方便。然而,由于应用中控制流相关性的存在,所挖掘的应用并行度比较有限,所以为了解决控制流的相关性需要引入额外的硬件或者软件开销。

经过几十年的努力,冯·诺依曼体系结构的处理器采用的各种各样的优化技术已经可以很好地解决这些问题,几乎可以最大化发掘应用中的指令级并行度(Instruction Level Parallelism)。例如,乱序(Out-of-Order)处理器技术[9]、超长指令字(Very Long Instruction Word,VLIW)技术[10]以及流水线技术[11]等。此外,数据流(Data Flow)体系结构的处理器主要面向应用的数据流特性[12-13],可以充分发掘应用中所暴露的数据级并行性(Data Level Parallelism),编程和调试具有数据流特性的程序比较困难,并且在编译器的开发方面也存在严峻挑战,因此,在过去一段时间里数据流体系结构的处理器没有得到普及应用。

在处理器的发展过程中,由于片外存储的访问延时和片内寄存器访问延时的巨大差异所带来的"存储墙"问题一直存在。为了解决这一问题,处理器设计和优化从利用应用在存储访问行为上表现出的时间局部性和空间局部性出发,成功地设计了高速缓存(Cache)。截至目前,在现代高性能处理器设计中,通常不能缺少 Cache,并且 Cache 的组织结构也需要精心设计和优化[14-15]。围绕 Cache 的优化也开展了各种各样的研究。例如,多级 Cache 通过进一步利用应用在存储访问行为上表现出的时间局部性和空间局部性弥补一级 Cache 和片外存储的容量大小、访问延时的差异[16]。而预取缓存(Prefetch Buffer)则是为了更加充分发掘应用的空间局部性,以期通过提前发起数据读取来掩盖(Tolerate)后续数据对片外存储访问的延时。通信模式主要是应用的多线程之间数据传输、消息发送或者线程同步等特点。

如前文所述,丹纳德缩减的提前终结引领了多核处理器的发展趋势,因此通过把应用进行任务划分,再分配到不同核上进行并行化运算的方式成为提升性能的重要途径。阿姆达尔定律(Amdahl's Law)表明,线程间的通信开销可能成为制约多核处理器所获得的性能收益的重要因素[17-18]。因此,根据实际应用中线程间通信的特点,对完成核间通信的互连网络进行优化也十分重要。典型的互连网络包括总线、交叉开关和片上网络等。不同的互连网络具有不同的优势和缺陷,例如在核数较少时总线具有优势,但是随着核数的增加,总线的可扩展性和带宽受到限制。交叉开关具有较低的延时,但是其面积开销随着核数增加而急剧增加。片上网络具有良好的可扩展性和较高的平均带宽,被认为在多核/众核系统中具有发展潜力。当然,根据具体应用的特点,处理器设计和优化还有诸多细节,前人也做了大量的工作,其中某些工作已经得到了十分成功的应用,例如流水线技术[11]、分支预测技术[19-20]、多线程处理技术[21-22]等。受限于篇幅,本书不再逐一列举,但可以概括的是,处理器的设计和优化都是根据实际应用的特性出发,进而实现性能、功耗、可编程性等多方面的折中和优化。

1.2 众核处理器简介

随着当今信息技术的快速发展,应用需要处理的数据量越来越大,其算法也越来越复杂。尤其计算密集型应用,如实时多媒体应用、信号处理、科学计算和网络领域,要求处理器能提供非常高的计算密度和每秒几十亿操作的性能。传统的单核通用处理器,由于其性能较低,已经不适合于计算密集型应用。传统的微处理器,如 Intel 公司的 Pentium 和 Itanium[23],其运算单元占芯片面积的比例非常小,大部分晶体管资源都被用于实现 Cache、乱序执行和分支预测等功能。这导致通用微处理器难以充分地利用丰富的晶体管资源来对日益复杂的应用需求提供高密集的运算。另外,专用处理器直接把一个应用的数据流图映射到硬件上,它可以包含大量并行执行的运算单元,提供非常高的性能。然而,由于专用处理器只能用于个别的应用,其灵活性很差,不能适应灵活多变的市场需求。

众核处理器因其能有效地利用廉价的晶体管来提供高密度的计算和具备可编程的灵活性,受到了学术界和工业界越来越广泛的关注。众核处理器的主要特征包括:

(1) 用于计算的运算单元和本地寄存器文件丰富且简单;

(2) 指令发射逻辑相对传统微处理器更为简单;

(3) 计算的执行和数据的访问是分离的;

(4) 计算资源并行化且规模很大。

这些特征使众核处理器能够结合编译辅助设计和众核技术充分发掘应用的指令级和任务级并行性,从而成为高性能领域极具发展前景的处理器架构。

目前国际上已经涌现出很多不同结构的众核处理器,如斯坦福大学的 Imagine[24] 和 Merrimac[25]、国防科技大学的 FT64[26]、SPI 公司的 Storm-1[27]、Nvidia 公司的 GPU[28]、IBM 公司的 CELL[29]、麻省理工学院的 RAW[30] 和 Tilera 公司的 Tile64[31],以及德州仪器 (TI) 公司的 C66X 系列数字信号处理器。

Imagine[24] 是由斯坦福大学的 William J. Dally 教授在 2002 年 4 月领导开发并投片成功的流处理器。Imagine 流处理器共集成了 8 个计算簇,每个计算簇内有 6 个运算单元。计算簇之间采用单指令多数(Single Instruction Multiple Data,SIMD)的方式运行来开发数据级并行,每个计算簇利用 VLIW 格式控制运算单元的并行执行来提供指令级并行。Imagine 流处理器采用本地寄存器堆、流寄存器和片外存储的三级存储结构来开发数据的局域性,为众多的运算单元提供高达 544GB/s 的数据带宽。Merrimac[25] 是在 Imagine 的基础上,同样是由 William J. Dally 教授领导研制的面向科学计算应用的多核流处理器,通过一种高基数(High-radix)交叉开关(Crossbar)网络将 16 个流处理核连接在一起,其每个流处理核又在 Imagine 流架构的基础上增加了 64 位的运算单元。Marrimac 使用 90nm CMOS 工艺,其双精度浮点运算峰值性能在 1GHz 下可以达到 128GFLOPS。Storm-1[27] 是 SPI 公司发布的一款流处理器,它是 Imagine 的商用版本,主要面向图像处理、视频处理和数字信号处理领域。Storm-1 使用了 $0.13\mu m$ CMOS 工艺,由 3400 万个晶体管组成,包含了 80 个并行的浮点运算单元。这 80 个运算单元平均分布在 16 个数据并行的计算簇中,每个计算簇采用了 VLIW 的架构。Storm-1 的工作频率为 800MHz,性能为 512GOPS,每秒能执行 1280 亿个 16 比特的乘加操作,且每个乘加操作仅消耗 82pJ。

CELL[29] 是一种基于总线的众核流处理器,每个核通过直接存储器访问(Direct Memory Access,DMA)方式与片上高速总线互连来提高数据访存效率。CELL 处理器由一个 64 位 Power 处理器作为主控制器运行操作系统和调度程序,并由 8 个流处理核并行地进行密集的流媒体计算。CELL 众核流处理器是一款商用芯片,它的频率达到了 3.2GHz,峰值性能为 200GOPS。然而,由于 CELL 采用总线互连,其处理核所能扩展的数目受到了很大的限制。

RAW[30] 是由麻省理工学院的 Agarwal 教授领导研究并于 2004 年流片成功的众核处理器。RAW 由 16 个可编程的瓷片(Tile)式单元组成,每个 Tile 都有其单独的处理器、数据 Cache、存储器以及连接各个 Tile 的互连网络接口。RAW 采用片上网络互连结构,其互连网络分为两个静态网络和两个动态网络。静态网络由软件控制,为单字操作和数据流提供快速可靠的传输。动态网络采用虫洞寻径(Wormhole Routing),主要为不可预测的通信提供数据传输。RAW 处理器主要面向流应用,是一款针对流处理优化的多核处理器。

Tile64[31] 是由 Tilera 公司推出的基于片上网络的众核处理器。它由 64 个相同处理器核组成,每个处理核是一个完整的全功能处理器,拥有自己的 L1 和 L2 级 Cache,通过高速的二维网格(Mesh)片上网络与其他处理核互连。Tile64 的原型为 16 核的 RAW 处理器。在 Tile64 每个处理器核内部,集成了 3 路 VLIW 流水线的运算单元来支持指令级并行。Tile64 是一款嵌入式多核处理器,具有较好的能量有效性。它能支持大量的计算密集型应用,如先进网络领域、数字多媒体领域和电信电报领域。

以上处理器都集成了高度的并行性和密集的运算单元。这些特点使得众核处理器核能为计算密集型应用提供非常高的运算速率。尤其以集成大量流处理器核为代表的众核处理器所能提供的运算单元数量非常庞大,这类处理器不仅通过 VLIW 技术发掘应用指令级并行性还能通过编译优化辅助技术充分发挥任务级并行性。因此,研究众核处理器的架构设计、指令调度以及编译辅助优化等技术具有重要意义。

1.3 指令调度技术

随着微电子技术的发展,微电子工艺已由微米级、深亚微米级进入了纳米级。单个芯片上已经发展到了可以放置几百亿个晶体管,研究人员们面临着一个很大的挑战是如何在处理器中有效地利用这些丰富而廉价的晶体管资源来提供更大规模的计算能力。众核处理器的指令调度技术一直以来是一个研究课题,到目前为止,已经出现了很多有关 VLIW 架构指令调度方面的文献。这些文献中有的关注于尽可能地减少处理器要存储的 VLIW 代码量;有的针对簇集的 VLIW 架构,同时优化功能单元的指令调度和计算簇间的通信;而其他更多的则是尽可能地提高 VLIW 架构的指令并行性,从而提高处理器的性能。

在减少处理器要存储的 VLIW 代码量方面,Lee[32] 等设计了一种基于动态暗示寻址模式(Dynamic Implied Addressing Mode,DIAM)的调度技术,目标在可接受的性能损失范围内降低 VLIW 架构所需的指令代码量。在文献[32]中,他们首先实现了 DIAM 的原始编译技术,然后在该编译技术上设计了循环优化技术,在降低 VLIW 指令代码量的同时,尽可能地优化其性能,使得性能损失最小。虽然该技术能很好地降低 VLIW 指令量,节省了指令存储空间,但是它或多或少还是带来了性能损失。

在优化簇集 VLIW 架构指令调度方面,Porpodas 等[33]针对簇集的 VLIW 架构提出了一种延时自适应的统一的计算簇分配和指令调度。他们的目标是优化簇间延时,使得其在当时已有的最新策略的基础上,再提高性能。文献[33]中提出的调度方法是一种混合策略,通过在两种当时最新的调度策略中做了一种细粒度的切换机制,以获得比那两种调度策略更好的调度结果。实验证明,该论文所提出的方法有效地降低了簇间延时,提高了 VLIW架构的执行性能。

Yang 等同样针对簇集的 VLIW 架构提出了一种新的指令调度方法[34]。该指令调度采用一种名为基于路径拆分的技术来决定一个更好的指令执行顺序,然后使用更加具有全局观的能同时考虑数据依赖关系和指令簇间分布的方式来生成调度结果。Yang 等所提出的算法包括两个阶段:第一阶段是基于路径拆分技术虚拟地调度所有的指令;第二阶段根据第一阶段中计算簇分配来做实际的指令调度来生成最终的调度结果。实验表明他们所提出的算法不仅能提高簇集 VLIW 架构的性能,还能通过优化指令顺序降低能耗。

然而,以上所提出的方法只适合于簇间延时对性能有影响的 VLIW 架构,不能提高VLIW 架构的运算单元利用率,并且也不能适用于目前以流处理器为代表的典型 VLIW 架构处理器。下面对通过指令调度来提高 VLIW 架构的运算单元利用率,从而提高处理器性能的相关研究工作介绍如下。

以 VLIW 架构的流处理器为例,根据流编程模型定义,通常一个核心函数是一循环体,循环处理每个流单元。针对流计算和核心函数的特点,过去研究者们开发了一系列的针对VLIW 结构的调度优化技术来提高核心功能单元的利用率。典型的功能单元调度优化技术有循环展开(Unrolling)、软件流水(Software Pipeline)和融合(Fusion)等。核心函数循环展开[35]主要是将核心在时间轴上复制多份,对应于多个流记录(Records),然后将展开的核心通过在时间轴上的算子交叠来增加算子并行度以达到提高 VLIW 结构的运算单元利用率。软件流水[35]是将核心函数的操作分成多个阶段,不同核心循环的不同阶段可并行执行,以提高指令并行度。融合[26]是将空间上并行的核心或是串行的具有生产者消费者局域性的核心融合成一个大的核心,目的在于提高核心的计算密集性,从而提高 VLIW 架构的指令级并行性。

然而,以上 VLIW 核心指令调度优化技术受限于编程者所编写的核心函数的并行性,不能保证最大化地利用 VLIW 架构丰富的运算单元。近年来,仍有不少研究者致力于VLIW 架构的指令调度,发表了一些提高 VLIW 结构指令并行性的研究。Gupta 等[36]提出了一种多线程技术来提高 VLIW 的指令并行性。这种多线程技术的基本思想为:它同时运行多个线程,通过编译和硬件实现双重手段来将不同线程的指令在一起并行执行,以提高运算单元的利用率。然而这种调度技术更依赖于硬件上的实现,增加了硬件开销,而且多个线程的指令是否能并行执行是不可控制的。So 等提出了一种软件线程集成技术[37]。该技术将并行线程融合为一个线程,利用粗粒度的线程级并行获取细粒度的指令级并行。该技术假设多个并行的线程是给定的,例如多个流程序,然后通过合适性分析估计线程集成后的性能提升,选取合适的线程。在线程集成的过程中,该技术将多个线程的指令同时分配于共享的 ALU 中来获取更高的指令级并行。该技术大幅提高了 VLIW 架构的指令并行性,然而它的缺陷在于线程的划分不能自动完成,而且缺乏有效的调度来最大化线程集成的效果。

1.4　片上网络通信技术

目前,众核架构主要采用片上网络进行互连通信,因此本书所讨论的众核处理器的核间通信机制也以片上网络为主。自从对片上网络的需求被提出以来[38-41],已有很多文献致力于优化片上网络的通信延时。其中很多文献是从硬件设计的角度来降低片上网络通信延时,Tran 等提出了一种具有共享队列的路由器架构[42],通过允许输入端口共享多个缓冲队列来最大化路由器缓冲区的利用率,从而提高其吞吐率。而且该路由器结构在通信负载较轻时通过允许数据旁路共享队列来获得较低的通信延时。然而,该路由器仅能在通信负载较低的时候获得明显的通信延时降低。Kumar 等提出了一种 3.6GHz 的单周期路由器,通过一种新颖的交叉开关分配器来获得高吞吐率和低延时,然而该路由器同样只能在通信负载较轻时获得有效的通信延时降低[43]。Kumar 等还提出了一种在包交换片上网络上的快速虚拟通道[44],该快速虚拟通道允许数据包虚拟地旁路复杂的包交换路由器,从而降低片上网络的通信延时,但是快速虚拟通道只能在一维方向上建立。Kim 等提出了一种完全新颖的路由器微结构[45],该路由器能同时获得简单的硬件结构、低的延时和低的功耗,然而这种路由器只能支持 XY 寻径算法。Yang 等关注于全局异步局部同步的设计[46],并提出了一种低延时的片上网络架构。Krishna 等为片上网络提出了一种单周期多跳异步重复传输机制[47],该机制动态地在源路由器和目标路由器之间建立可以改变方向的单周期路径来降低片上网络通信延时。Michelogiannakis 等提出了一种可伸缩缓冲流控制机制的路由器[48],并且为其设计了一种通用全局自适应负载均衡路由算法来平衡网络的通信负载。Enright Jerger 等提出了一种包交换和电路交换混合的片上网络[49],该片上网络通过在包交换的路由器中存储交叉开关端口连接信息来实现电路交换机制。一旦电路连接建立好后,电路交换机制具有更低的通信延时和功耗。并且该混合网络在电路连接的建立之前,通过适用包交换通信来消除电路交换机制中较长的建立时间。Abousamra 等进一步提出了一种电路的建立和保持技术[50],完善了该混合片上网络,提高其电路连接的使用率。

以上是有关从硬件设计角度来降低片上网络通信延时的研究,相比从硬件设计角度来降低通信延时,从编译的角度来优化片上网络通信更适合于众核处理器暴露的通信。片上网络通信的低延时编译优化相关工作如下。

Ogras 等在给定的通信情况下提出了一种算法来引入长距离的连接来降低片上网络通信延时[51]。该算法的输入包括一个标准的网格型片上网络、计算核之间的通信频率和默认的寻径算法。然后以两个计算核为一组,该算法遍历所有可能的计算核组并估计在计算核组之间插入长距离连接所能带来的性能提升,接着选择具有最大性能提升的长距离连接引入,更新片上网络资源使用情况。最后算法会重复前面的步骤直到所有可提供的片上网络资源都被使用。该方法能带来更低的通信延时和更高的通信吞吐率,但是长距离的连接为真实的物理电路,所以该策略只能应用于单个应用,其灵活性差。而且它会带来更大的硬件开销。

Stuart 等针对计算核之间暴露的通信,通过编译在拓扑开关上建立纯物理电路的连接来旁路复杂的包交换路由器流水线,从而降低通信延时和能耗[52]。同时还建立了能避免死锁的路径分配算法,优化了通信开销。然而,在有通信竞争时,该方法还是需要复杂的路由器流水,且其路径分配算法为了避免死锁可能会导致编译失败。

Modarressi 等通过在包交换的路由器中存储物理通道连接信息来建立低延时低功耗的虚拟点对点连接[53-55]。虚拟点对点连接与包交换片上网络上的电路交换连接相似,当传输在虚拟点对点连接的数据片到达路由器时,数据片可以直接通过旁路通道进入到交叉开关中,而不用进行路由计算、虚拟通道仲裁和交叉通道仲裁等复杂路由器操作。虚拟点对点连接是可以通过编译器动态重构的,且可以针对当前通信情况来进行有效的分配。为在包交换片上网络上针对已知的通信情况分配尽可能多的虚拟点对点连接,Modarressi 等设计了一种路径分配算法。该路径分配算法根据已知通信的通信量和通信距离确定其优先级,根据从高到低的优先级顺序逐个分配距离最短且通信交叠最少的路径,在分配好每个通信路径的同时,再确定该路径能不能被建立起虚拟点对点连接。该工作所提出的方法可以针对暴露的通信情况进行有效的低延时优化,同时也带来了更低的通信功耗。然而,虚拟点对点连接不能共享同一个物理通道限制了所能建立的虚拟点对点连接的数量,从而限制了该方法针对已知通信优化片上网络延时的优化效果。而且,其路径分配算法不能考虑全局通信,也没有考虑通信死锁的避免。

Modarressi 等还提出了一种含有可重构连接的片上网络来动态地改变计算核之间的连接关系[56]。该片上网络的可重构性来自在网络里引入了简单可配置的开关来实现网络拓扑改变。该片上网络依赖于编译器来为计算核之间的通信分配可配置开关的连接,从而提供低延时、低能耗的通信。在可配置开关连接的分配上,他们又设计了一种基于分支界定算法的路径分配策略,根据已知的核间通信情况优化全局通信延时和能耗。该工作的缺点在于被配置开关连接所能分配的数目有限,对于通信拥挤严重的情况不是很有效。而且该片上网络还带来了额外的硬件开销。

1.5 能耗优化技术

半导体工艺技术的发展推动了微处理器的集成晶体管数量以及工作频率的持续增加。在过去的 10 年间,商用处理器的处理速度增长了 4000 倍。然而,与此同时,系统功耗($P = \alpha C v^2 f$)也随着处理器的工作频率和芯片集成规模的增长而迅速升高。由此而来的散热问题也成为处理器设计一个无法逾越的障碍。在通用处理器中,主频每升高 1GHz,系统功耗将提升 25W,由此引发的散热需求将大大超出处理器的风冷能力。对于移动设备,有限的片上资源和尺寸要求更是使得芯片对功耗升高表现得更为敏感。除此之外,移动设备的续航时间也受到了系统功耗的影响,电池容量的增长和有效的电源管理都成为亟待解决的设计问题。因此,系统功耗的迅速增长及其引发的一系列设计问题都极大地限制了单核处理器工作频率的增长。近年来,随着芯片集成能力的增强,多核处理器中计算核的数量持续增加,向着众核的方向发展。研究表明,系统功耗将迅速增加,同时功耗密度增加带来的温度问题将成为多核处理器性能提升的设计瓶颈。在多核处理器中,随着工作频率和集成的晶体管数量增加,系统的动态功耗也随之迅速升高。同时,随着特征尺寸的减小,栅极绝缘层厚度减小,阈值电压降低,电路的漏电流增长,成为系统总功耗的一个重要来源。有研究称,在 65nm 以及下的设计中,静态功耗甚至占到电路总功耗的 50% 以上。因此,多核/众核处理器中功耗问题已经成为处理器性能增长的瓶颈。例如 SUN 公司新一代的片上多核多线程 SPARC 处理器的功耗已经达到了 250W[57]。

伴随着系统功耗而来的是芯片严重的温度问题。系统集成度的提高,使得芯片集成的晶体管数量增加;而处理器工作频率的升高、密集的运算都带来了系统总功耗的增加和操作密集模块局部功耗密度的增加。尽管电源电压也在以每个技术代 2.5% 的速度降低,但是其速度也远不及功耗密度的增加速度。于是芯片的功耗密度在近些年来迅速增加,也带来了越来越多的局部温度热点,导致芯片局部温度的升高[58]。另外,在多核/众核处理器中,计算核数量增加、单位核面积减小、核间距离减小也使得相邻核之间的热扩散作用带来的热耦合现象日益严重。随着工艺尺寸的缩减,热耦合带来的温度升高将会占到处理器温度升高的 60% 以上。这些都使得多核/众核处理器的热问题日益严重。

在动态功耗优化方面,通过动态的调节计算核工作的电源电压和工作频率组合(DVFS),在该计算核上的功耗可以得到有效的降低($P_{\text{dyn}} = Cv^2 f$),从而实现功耗密度和峰值温度的降低。但是降低电源电压和工作频率在带来功耗降低的同时,处理性能会线性下降。因此,任务调度算法需要同时考虑应用的性能需求。在温度问题严重的计算密集型流应用中,任务通常可以认为是周期性任务,且应用中的任务都具有相同的周期。针对此类应用,任务可以通过流水的方式分配到不同的周期中执行,以消除部分依赖关系,提升处理的并行度。同时,对映射到一个计算核的任务序列,若该计算核存在时间裕度(处理时间小于周期时间)时,则可以通过降低电压和频率的方式来优化降低动态功耗,而不对性能造成损失(满足周期性需求)。

在众核处理器中,VLIW 结构集成了多个功能单元,可以同时处理多条指令,提高了结构的并行度,实现了性能提升。然而,VLIW 结构中面积小且分布集中的功能单元的频繁计算提升了功耗密度,成为芯片的温度热点。在 VLIW 结构中,指令到功能单元的映射通过静态的编译过程完成,将指令映射到特定功能单元的特定周期,以实现指令级并行。在现有的 VLIW 结构指令编译算法中,指令通常被优先调度在优先级最高的功能单元中,并且映射到尽可能早的周期,从而优化任务的执行时间。但是这种编译方法使得指令在时间和空间上都得到集中,升高了功能单元的峰值温度,造成了温度热点。而面向 VLIW 结构指令编译的温度优化算法目前研究较少,大多采用简单的功能单元轮换方式,而未进行准确的温度建模,也未考虑到轮换带来的功耗和性能开销。

由于温度和功耗,特别是漏电流带来的漏电功耗间的密切联系,降低漏电是优化温度的一个重要方法。即使在计算密集的任务中,由于指令依赖关系的存在,功能单元仍然没有被完全利用起来,存在空闲的周期。进行指令编译的时候,这些周期可以被利用起来,通过将处于空闲周期的功能单元切换到休眠模式,可以降低系统漏电,从而减小功耗。但是,功能单元在工作和休眠模式切换的过程中存在延时和功耗代价,频繁的状态转换反而可能会加重性能和功耗负担。因此,在指令编译过程中,需要将漏电功耗的优化考虑在内,将功能单元的空闲周期(空操作)集中起来,从而减少状态转换时间,增加有效的休眠时间,从而减小漏电功耗,进而降低功耗密度和温度。

1.6　小结

本章是全书的绪论。本章首先从微电子领域的摩尔定律和丹纳德缩减定律出发,论述了当前处理器的发展方向,回顾了应用的特性和处理器设计的发展历程和关系,概括了目前处理器正朝着新架构和众核化方向发展的趋势。接着,本章从发掘指令级并行度、提高运算资源利用率以及灵活编程性等多方面引出本书主要讨论的众核处理器。然后,对众核处理器涉及的设计难点、挑战和关键技术进行了综述,其中主要包括 VLIW 指令调度技术、众核处理器的片上网络通信技术以及能耗优化技术等。

参考文献

[1] Moore G. Cramming More Components onto Integrated Circuits[J]. Electronics, 1965, 38(8): 114 FF.

[2] Dennard R H, Gaensslen F H, et al. Design of Ion-implanted MOSFET's with Very Small Physical Dimensions[J]. IEEE Journal of Solid-State Circuits (JSSC), 1974, 9(5): 256-268.

[3] Bohr M. A 30 Year Retrospective on Dennard's MOSFET Scaling Paper[J]. IEEE Solid-State Circuits Society Newsletter, 2007, 12(1): 11-13.

[4] Goulding N, Sampson J, et al. GreenDroid: A Mobile Application Processor for a Future of Dark Silicon[C]//Proceedings of the IEEE Hot Chips 22 Symposium (HCS), Stanford, CA, USA, 2010: 1-39.

[5] Taylor M B. A Landscape of the New Dark Silicon Design Regime[J]. IEEE Micro, 2013, 33(5): 8-19.

[6] Venkatesh G, Sampson J, et al. Conservation Cores: Reducing the Energy of Mature Computations [C]//Proceedings of the International Conference on Architectural Support for Programming Languages and Operating Systems (ASPLOS), Pittsburgh, PA, USA, 2010: 205-218.

[7] Esmaeilzadeh H, Blem E, et al. Dark Silicon and the End of Multicore Scaling[C]//Proceedings of the International Symposium on Computer Architecture (ISCA), San Jose, CA, USA, 2011: 365-376.

[8] Von Neumann J. First Draft of a Report on the EDVAC[J]. IEEE Annals of the History of Computing, 1993, 15(4): 27-75.

[9] Patt Y, Hwu W, Shebanow M. HPS, A New Microarchitecture: Rationale and Introduction[C]// Proceedings of the IEEE/ACM International Symposium on Microarchitecture (MICRO), Pacific Grove, CA, USA, 1985: 103-108.

[10] Fisher J A. Very Long Instruction Word Architectures and the ELI-512[J]. IEEE Solid-State Circuits Magazine, 2009, 1(2): 23-33.

[11] Bloch E. The Engineering Design of the Stretch Computer[C]//Proceedings of the IRE-AIEE-ACM (Eastern) Computer Conference, Boston, MA, USA, 1959: 48-58.

[12] Yazdanpanah F, Alvarez-Martinez C, et al. Hybrid Dataflow/Von-Neumann Architectures[J]. IEEE Transactions on Parallel and Distributed Systems, 2014, 25(6): 1489-1509.

[13] Karp R, Miller R. Properties of a Model for Parallel Computations: Determinacy, Termination, Queueing[J]. SIAM Journal on Applied Mathematics, 1966, 14(5): 1390-1411.

[14] Handy J. The Cache Memory Book[M]. San Francisco, CA, USA: Morgan Kaufmann, 1998.

[15] Handy J. Practical Cache Design Techniques for Today's RISC and CISC CPUs[C]//Proceedings of Electro International, New York, NY, USA, 1991: 283-288.

[16] Hennessy J, Patterson D. Computer Architecture: A Quantitative Approach[M]. San Francisco, CA, USA: Morgan Kaufmann, 2011.

[17] Amdahl G. Validity of the Single Processor Approach to Achieving Large-Scale Computing Capabilities[C]//Proceedings of the AFIPS Conference, Atlantic City, NJ, USA, 1967: 483-485.

[18] Amdahl G. Computer Architecture and Amdahl's Law[J]. IEEE Solid-State Circuits Society Newsletter, 2007, 12(3): 4-9.

[19] McFarling S, Hennesey J. Reducing the Cost of Branches[C]//Proceedings of the International Symposium on Computer Architecture (ISCA), Tokyo, Japan, 1986: 396-403.

[20] Sprangle E, Chappell R, et al. The Agree Predictor: A Mechanism for Reducing Negative Branch History Interference[C]//Proceedings of the International Symposium on Computer Architecture (ISCA), Denver, Colorado, USA, 1997: 284-291.

[21] Lampson B, Pier K. A Processor for a High-performance Personal Computer[C]//Proceedings of the International Symposium on Computer Architecture (ISCA), La Baule, USA, 1980: 146-160.

[22] Kongetira P, Aingaran K, Olukotun K. Niagara: A 32-way Multithreaded SPARC Processor[J]. IEEE Micro, 2005, 25(2): 21-29.

[23] Kapasi U, Rixner S, Dally W, et al. Programmable Stream Processor[J]. IEEE Computer, 2003, 36(8): 54-62.

[24] Khailany B, Dally W, Kapasi U, et al. Imagine: Media Processing with Streams[J]. IEEE Micro, 2001, 21(2): 35-46.

[25] Dally W, Labonte F, Das A, et al. Merrimac: Supercomputing with Streams[C]//Proceedings of the ACM/IEEE Supercomputing Conference, Phoenix, AZ, USA, 2003: 35-42.

[26] Yang X, Yan X, Deng Y, et al. Fei Teng 64 Stream Processing System: Architecture, Compiler and Programming[J]. IEEE Transactions on Parallel and Distributed Systems, 2009, 20(8): 1142-1157.

[27] Khailany B, Williams T, Lin J, et al. A Programmable 512 GOPS Stream Processor for Signal, Image, and Video Processing[J]. IEEE Journal of Solid-State Circuits, 2008, 43(1): 202-213.

[28] Nickolls J, Dally W. The GPU Computing Era[J]. IEEE Micro, 2010, 30(2): 56-69.

[29] Hofstee H. Power Efficient Processor Architecture and the Cell Processor[C]// Proceedings of the

IEEE International Symposium on High Performance Computer Architecture (HPCA), San Francisco, CA, USA, 2005: 258-262.

[30] Taylor M, Kim J, Miller J, et al. The Raw Microprocessor: A Computational Fabric for Software Circuits and General-purpose Programs[J]. IEEE Micro, 2002, 22(2): 25-35.

[31] Bell S, Edwards B, Amann J, et al. TILE64 Processor: A 64-Core SoC with Mesh Interconnect [C]//Proceedings of the IEEE International Solid-State Circuits Conference-Digest of Technical Papers, San Francisco, CA, USA, 2008: 88-89.

[32] Lee J, Lee J, Peak Y, et al. Improving Performance of Loop on DIAM-based VLIW Architectures [C]//Proceedings of the SIGPLAN/SIGBED Conference on Languages, Compilers and Tools for Embedded Systems, Edinburgh, United Kingdom, 2014: 135-144.

[33] Porpodas V, Cintra M. LUCAS: Latency-adaptive Unified Cluster Assignment and Instruction Scheduling[C]//Proceedings of the SIGPLAN/SIGBED Conference on Languages, Compilers and Tools for Embedded Systems, Seattle, WA, USA, 2013, 45-54.

[34] Yang X. Path-Dividing Based Scheduling Algorithm for Reducing Energy Consumption of Clustered VLIW Architectures[J]. IEEE Transactions on Computers, 2014, 63(10): 2526-2539.

[35] Matton P, Dally W, Rixner S, et al. Communication Scheduling [C]//Proceedings of the International Conference on Architectural Support for Programming Languages and Operating Systems, Cambridge, MA, USA, 2000: 82-92.

[36] Gupta M, Sanchez F, Liosa J. CSMT: Simultaneous Multithreading for Cluster VLIW Processors [J]. IEEE Transactions on Computers, 2010, 59(3): 385-399.

[37] So W, Dean A. Software Thread Integration for Instruction-Level Parallelism [J]. ACM Transactions on Embedded Computing Systems, 2013, 13(1): 8: 1-8: 23.

[38] Dally W, Towles B. Route Packets, Not Wires: On-chip Interconnection Networks [C]// Proceedings of the Design Automation Conference (DAC), Las Vegas, NV, USA, 2001: 684-689.

[39] Benini L, Micheli G. Networks on Chips: A New SoC Paradigm[J]. IEEE Computer, 2002, 35(1): 70-78.

[40] Sgroi M, Sheets M, Mihal A, et al. Addressing the System-on-a-Chip Interconnect Woes Through Communication-based Design[C]//Proceedings of the Design Automation Conference (DAC), Las Vegas, NV, USA, 2001: 667-672.

[41] Guerrier P, Greiner A. A Generic Architecture for On-chip Packet-switched Interconnections[C]// Proceedings of the Design, Automaton and Test in Europe Conference(DATE), Paris, France, 2000: 250-256.

[42] Tran A, Bas B. Achieving High-Performance On-Chip Networks with Shared-Buffer Routers[J]. IEEE Transactions on Very Large Scale Integration (VLSI) Systems, 2014, 22(6): 1391-1403.

[43] Kumar A, Kundu P, Singh A, et al. A 4. 6Tbits/s 3. 6GHz Single-cycle NoC Router with a Novel Switch Allocator in 65nm CMOS[C]//Proceedings of the International Conference on Computer Design (ICCD), Lake Tahoe, CA, USA, 2007: 63-70.

[44] Kumar A, Peh L, Kundu P, et al. Express Virtual Channels: Towards the Ideal Interconnection Fabric[C]//Proceedings of the International Symposium on Computer Architecture (ISCA), San Diego, CA, USA, 2007: 150-161.

[45] Kim J. Low-cost Router Microarchitecture for On-chip Networks[C]//Proceedings of the IEEE/ ACM International Symposium on Microarchitecture (MICRO), New York, NY, USA, 2009:

255-266.

[46] Yang Y, Kumar R, Choi G, et al. WaveSyc: A Low-latency Source Synchronous Bypass Network-on-Chip Architecture[C]//Proceedings of the International Conference on Computer Design (ICCD), Montreal, QC, Canada, 2012: 241-248.

[47] Krishna T, Chen C, Kwon W, et al. SMART: Single-Cycle Multihop Traversals Over a Shared Network on Chip[J]. IEEE Micro, 2014, 34(3): 43-56.

[48] Michelogiannakis G, Balfour J, Dally W. Elastic-Buffer Flow Control for On-Chip Networks[C]// Proceedings of the IEEE International Symposium on High Performance Computer Architecture (HPCA), Raleigh, NC, USA, 2009: 151-162.

[49] Enright Jerger N, Peh L, Lipasti M. Circuit-Switched Coherence[C]//Proceedings of the ACM/ IEEE International Symposium on Networks-on-Chip, Newcastle upon Tyne, UK, 2008: 193-202.

[50] Abousamra A, Jones A, Melhem R. Codesign of NoC and Cache Organization for Reducing Access Latency in Chip Multiprocessor[J]. IEEE Transactions on Parallel and Distributed Systems, 2012, 23(6): 1038-1046.

[51] Ogras U, Marculescu R. "It's a Small World After All": NoC Performance Optimization Via Long-Range Link Insertion[J]. IEEE Transactions on Very Large Scale Integration (VLSI) Systems, 2006, 14(7): 693-706.

[52] Stuart M, Stensgaard M, Sparso J. The ReNoC Reconfigurable Network-on-Chip: Architecture, Configuration Algorithms, and Evaluation [J]. ACM Transactions on Embedded Computing Systems, 2011, 10(4): 45-70.

[53] Modarressi M, Sarbazi-Azad H, Tavakkol A. Virtual Point-to-Point Links in Packet-Switched NoCs [C]//Proceedings of the International Symposium on Very Large Scale Integration (VLSI), 2008, 433-436.

[54] Modarressi M, Sarbazi-Azad H, Tavakkol A. Performance and Power Efficient On-chip Communication Using Adaptive Virtual Point-to-point Conections[C]//Proceedings of the ACM/ IEEE International Symposium on Networks-on-Chip, San Diego, CA, USA, 2009: 203-212.

[55] Modarressi M, Tavakkol A, Sarbazi-Azad H. Virtual Point-to-Point Connections for NoCs[J]. IEEE Transactions on Computer-Aided Design of Integrated Circuits System, 2010, 29 (6): 855-868.

[56] Modarressi M, Tavakkol A, Sarbazi-Azad H. Application-Aware Topology Reconfiguration for On-Chip Networks[J]. IEEE Transactions on Very Large Scale Integration (VLSI) Systems, 2011, 19(11): 2010-2022.

[57] Konstadinidis G, Tremblay M, Chaudhry S, et al. Architecture and Physical Implementation of A Third Generation 65nm, 16 Core, 32 Thread Chip-Multithreading SPARC Processor[J]. IEEE Journal of Solid-State Circuits (JSSC), 2009, 44(1): 7-17.

[58] Huang W, Stant M, Sankaranarayanan K, et al. Many-core Design from A Thermal Perspective [C]//Proceedings of the Design Automation Conference, New York, NY, USA, 2008: 746-749.

第 2 章

众核处理器架构

2.1 处理器架构概述

过去几十年来,随着应用需求的不断发展,处理器的设计经历了从单核到多核的跨越。在单核处理器设计方面,仅仅通过优化处理器的微体系结构的设计细节已不再能满足人们对性能、功耗、可编程性等多方面的追求。因此,多核处理器的出现在一定程度上缓解了单核处理器所面临的问题。

随着微电子工艺发展到进入深亚微米时代,芯片的集成度继续增加的同时功耗问题日益凸显,暗硅效应使得在同一芯片上能够被同时利用的晶体管数量和比例越来越少,这导致靠增加晶体管集成度和采用多核处理器技术将难以得到处理器性能的进一步提升。在晶体管尺寸进一步缩减的情况下,暗硅效应等问题导致传统多核处理器技术的发展遇到了困难[1],并且这些问题给未来处理器的设计带来新的挑战。

传统处理器的设计和优化往往需要结合实际应用特性,具体的优化主要从计算、存储、通信三个方面展开,通过利用应用的计算特性、存储访问特性以及通信特性等得到处理器性能和能效的改进。众核处理器的设计和优化还应该注重如何提升处理器核之间的协作效率以及如何增加核间耦合度,并以尽可能小的存储访问开销和核间通信开销获得较大的性能和能效提升。这些问题都给众核处理器的存储管理机制设计和互连网络设计带来新的挑战。

一种典型的基于片上网络的众核处理器架构如图 2.1 所示。它由一个二维网格片上网络将多个单处理核、片外存储控制和主控制器互连在一起。片外存储控制用于外部存储器的数据访问。而主控制器用于执行流程序所需要的标量操作和同步每个处理核的执行。网络接口负责路由器与片上存储器之间的数据接收和发送。

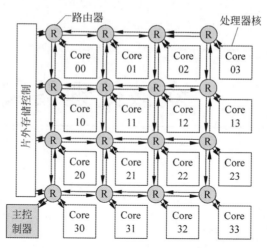

图 2.1　基于片上网络的众核处理器架构

2.2　瓷片众核处理器架构

瓷片众核处理器架构(Tiled Many-core Architecture)具有功耗分布均匀、可扩展性好等优势,该结构将片上资源按照瓷片(Tile)进行管理,每个 Tile 中包含一个处理器核、私有一级 Cache、分布式存储管理器以及相应的网络接口(Network Interface,NI)和片上网络路由器。

从图 2.2 可以看出,Tile 具有完全相同的物理结构,因此该架构具有良好的可扩展性。由于每个 Tile 中包含的分布式存储单元只接收对应存储空间的数据访问,因此该结构可以均衡存储访问带宽和功耗分布。每个 Tile 之间使用片上网络进行互连通信,Tile 间的所有通信负载都将分时复用这个网络接口和路由器,例如 Cache 数据块的查找、替换和一致性消息以及存储访问等。得益于片上网络的路径多样性(Path Diversity),网络负载传输延时还可以进一步得到优化。

虽然每个 Tile 在物理上包含相同的处理器核、Cache、存储器载体和片上网络路由器以及网络接口等,但是不同的 Cache 和存储器的组织管理方式会导致片上网络承担不同的通信负载,从而影响整个系统的性能和能效。此外,由于每个 Tile 具有完全相同的处理器核、本地存储以及硬件加速单元,对于某些应用造成了硬件资源的冗余和浪费,并未完全发挥出异构计算带来的高性能、高能效的优势,因此根据应用需要和芯片面积/功耗限制等条件,还可以在适当的瓷片中集成可重构处理器或者硬件加速器,可重构处理器和处理器核之间按照主从的方式进行交互管理,还可以为硬件加速器构建局部总线和直接存储访问单元(DMA)以完成局部连续数据的快速传输等。

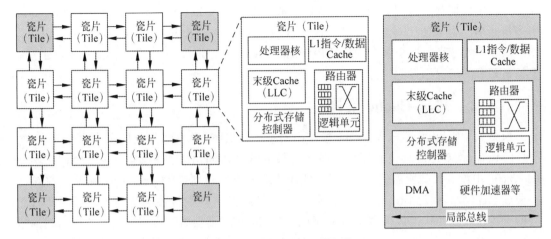

图 2.2　Tile 众核处理器架构

2.3　存储机制

2.3.1　存储层次结构

在众核处理器系统中,目前主要有两种主流的存储模型,即私有存储模型和共享存储模型。对于私有存储模型,核与核之间通信的耦合度较低,核间通信一般采用消息传递的模型进行,如典型的 MPI 并行编程模型。这种存储模型一般适用于大型集群计算,因为这类模型的通信开销较大,依赖精确的任务划分。这类模型还有一个好处就是无须考虑 Cache 一致性问题,程序员主要集中于任务划分。

共享存储模型一般适用于中小规模的多核/众核系统。该模型中,所有处理器核共享相同的存储地址空间,并且依赖该地址空间进行核与核之间的通信,其典型的编程模型包括 Openmp 等。该模型的编程复杂度相对较低,大部分并行化工作都由编译器自动完成,因此对于中小规模的应用而言具有更加广阔的应用前景。这种存储模型使得核与核之间的耦合程度更加紧密,通信开销往往较小。但是,这种存储模型带来了 Cache 一致性的问题,在硬件设计上带来了额外的挑战。此外,如果所有的处理器核共享一个存储单元入口,将带来存储器端口带宽的限制。在该模型中,根据 Cache 组织的管理方式又可以进一步细分为两种典型结构:共享末级 Cache(Shared Last Level Cache,SLLC)的方案;私有末级 Cache(Private Last Level Cache,PLLC)的方案。这两种方案有一个共同的特点,每个处理器核对应的网络节点分布一小部分存储资源,包括 Memory 和共享或私有的 LLC Bank。这种结构显然分散了单一存储和缓存端口带来的带宽限制的压力,同时也利于功耗的均匀分布,已经得到了广泛的应用。

目前,大多数的现代高性能处理器在单个芯片内集成了多级缓存层次结构。多核处理器中的每个内核通常都有自己的私有一级(L1)数据和指令 Cache。考虑到每个核几乎必须在每个时钟周期都会访问 L1 Cache,所以一般不把 L1 Cache(无论数据或指令缓存)设计成由多核共享。为了便于讨论,这里假设二级(L2)Cache 是末级 Cache(Last Level Cache, LLC)。不失一般性,这个假设同样适用于把三级(L3)Cache 作为 LLC,而 L1 和 L2 对于每个核是私有的情况。

2.3.2 共享 Cache 架构

如图 2.3 所示,共享末级 Cache 模型中的 L2 Cache 可以由芯片上的多个内核共享,每个核的私有 L1 Cache 会过滤掉来自各自内核的数据访问请求。例如,当一个内核在本地 L1 Cache 中没有找到所需的指令或者数据(即发生缺失),则 L1 Cache 的控制器会将该请求通过互连网络转发到 L2 Cache,然后 L2 Cache 的控制器在接收到该请求之后再执行相应的查找和比较操作。如果数据命中,则 L2 Cache 控制器会将该数据通过互连网络返回给发出该请求的 L1 Cache 控制器;反之,如果数据缺失,则 L2 控制器进一步从外部存储取回数据,再逐级返回给相应的 L1 Cache 控制器,然后 L1 Cache 控制器再将数据传送给处理器核。

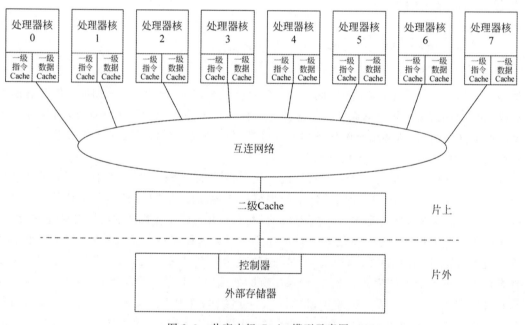

图 2.3 共享末级 Cache 模型示意图

从上面的流程不难发现,由于 L2 Cache 的存储器是所有内核共享的,地址空间对所有处理器核可见,在 L2 Cache 存储器中不会存在相同数据块的备份,但是一个数据块可能会在不同的 L1 Cache 存储器中存在多个备份。因此,不同的 L1 Cache 和 L2 Cache 必须保证数据一致性,否则会出现数据错误。

使用共享末级 Cache 有很多优点。第一,可以在多个处理器之间动态分配可用的 Cache

存储空间,即每个内核所占用的 Cache 存储空间是根据内核运行的线程对数据量的需求而动态分配的,从而更好地利用整个缓存空间;第二,如果数据由多个处理器核共享,那么在 L2 Cache 中只保留一个数据备份,从而更好地提高 Cache 存储空间利用率和缓存命中率;第三,相对于私有 L2 Cache 而言,如果由多个处理器核共享的数据发生一致性缺失,这个缺失的处理在共享 L2 Cache 这一级缓存层次结构就可以得到解决,而不必再将缺失传递到更外层的共享存储器。

共享末级 Cache 也有相应的缺点,例如,不同处理器核的运行负载可能会相互干扰,增加对方处理器核的 Cache 缺失率,导致较差的服务质量(Quality-of-Service, QoS)。如上所述,多个处理器核共享的数据发生一致性缺失时需要访问共享 L2 Cache 进行一致性处理。但是,如果不同处理器核处理的任务和数据并不相关,那么访问相同的 L2 Cache 的接口可能会产生竞争,从而带来额外的开销,尤其当 L2 Cache 只有单个存储器时,对于多核处理器的架构设计而言,这样的资源竞争会成为制约整个系统提升性能的瓶颈。为了缓解这个问题,可以将 L2 Cache 进行分布式管理,其中一种比较典型的做法就是 Tile 多核架构,该架构中的每个 Tile 包含一个 L2 Cache 块(L2 Bank)。在物理布局上,每个 Tile 的结构基本相同,如图 2.4 所示,这极大地增强了系统的可扩展性并缓解了功耗的集中分布。所有的分布式 L2 Cache 块在逻辑上组合构成该系统的共享 L2 Cache。因为不同 Tile 之间采用不同的 L2 Cache 块,因此一个处理器核在访问不同 Tile 中的 L2 Cache 块的延时不同,对于互连网络采用片上网络而言,数据访问延时和处理器核与相应 L2 Cache 块的物理距离(网络跳数,即 Hops)成正比。因此,相比单个 L2 Cache 存储器而言,这种结构又被称为非均匀访问 Cache(Non- Uniform-Cache-Access,NUCA)[2-5]结构。由于 Cache 一般都是多路组相连(Multi-Way Set Associative),因此根据将 L2 Cache 块按照 Cache 的组数(Set)管理还是路数(Way)管理可以进一步分为静态 NUCA(Static NUCA,SNUCA)结构[5-6]或者动态 NUCA(Dynamic NUCA,DNUCA)结构[7-8]。这两种结构的优缺点也是各有不同,下面分别加以介绍。

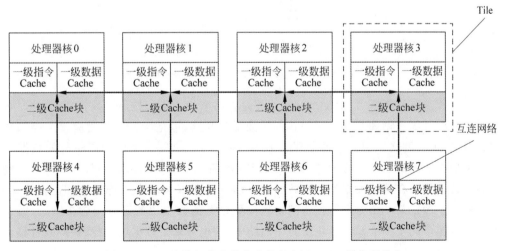

图 2.4　Tile 多核架构中分布式共享末级 Cache 的物理分布

　　SNUCA 结构主要是指将末级 Cache 按照组数管理和划分，每个 Tile 所包含的一部分物理 Cache 只对应整个存储地址空间的一部分，如果地址空间按照线性均匀划分，那么每个 Tile 内的 Cache 只对应相同长度的一部分连续的存储地址空间。当然也可以有其他划分方案，例如，为了减少某一类应用因为对一段地址空间的频繁访问而造成的对某一块 Cache 访问的带宽瓶颈，可以将地址空间按照交织的方案划分，但是这样可能不利于发挥程序的空间局部性特征。

　　为了更清楚地介绍 SNUCA 结构的不同 Tile 中 Cache 块的逻辑组织关系，将图 2.4 所示的物理结构进一步抽象可以得到如图 2.5 所示的示意图。这里假设末级 Cache 是 M 路组相连并且一共可以分成 N 组，即 Cache 大小是有 $N \times M$ 个数据块。如果地址空间按照线性均匀划分，每个 Tile 所包含的 Cache 块也是 M 路组相连，但是组数只有 $N/4$ 个。其中，第一个 Cache 块对应的组数为 $0 \sim N/4-1$；第二个 Cache 块对应数为 $N/4 \sim N/2-1$；第三个 Cache 块对应数为 $N/2 \sim 3N/4-1$；第四个 Cache 块对应数为 $3N/4 \sim N-1$。因此，当某个处理器核发起对一个地址的数据访问时，该访问请求会被发送到对应的 Cache 块，在一个 Cache 块中完成查找、替换等操作，不会产生额外的网络通信开销。如图 2.5 所示，①、②、③和④分别对应 4 个处理器核对不同地址空间的数据访问，这种情况下，4 个访问可以并行进行，极大地提高了访问效率。但是，当处理器核发起数据访问对应的 Cache 块在物理上距离较远时延时可能较大，因此系统的性能还需要全面评估。

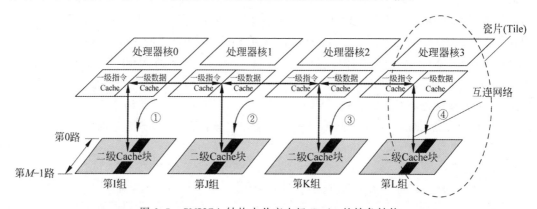

图 2.5　SNUCA 结构中共享末级 Cache 的抽象结构

　　与 SNUCA 结构不同，DNUCA 结构主要是指将末级 Cache 按照路数管理和划分，每个 Tile 所包含的一部分物理 Cache 只对应一路或者某几路，但是所含组数对应整个存储地址空间。目前，现有的文献中一般每个 Tile 仅含一路。这样，同一个地址所对应的数据块就有可能出现在不同的 Cache 块中，同样，一个需要被存入末级 Cache 块的数据块也可以选择不同的位置。如果在替换数据和存入数据的过程中，参考 Cache 块分布的物理位置信息，可以一定程度上缓解某一个处理器核访问物理位置较远的数据块的延时问题。但是，由于一个数据块可能存在于多个 Cache 块所对应的路中，这也带来了数据块查找、替换或者移动的额外通信开销。

为了更清楚地介绍 DNUCA 结构的不同 Tile 中 Cache 块的逻辑组织关系,将图 2.4 所示的物理结构进一步抽象可以得到如图 2.6 所示的示意图。这里也假设末级 Cache 是 M 路组相连且一共可以分成 N 组,即 Cache 有 $N \times M$ 个数据块。为了简化,每个 Tile 所包含的 Cache 块只对应整个末级 Cache 的一路。其中,第一个 Cache 块对应为第 0 路;第二个 Cache 块对应为第 1 路;以此类推,最后一个 Cache 块对应为第 $M-1$ 路。因此,当某个处理器核发起对一个地址的数据访问时,该访问请求会被依次发送(或者广播)到 M 个 Cache 块中进行数据查找和比较,如果数据在某个 Cache 块中被找到且命中,则该数据块会被逐级传回相应的处理器核;相反,如果在所有的 Cache 块中都没有找到该数据块或者缺失,则相应的末级 Cache 控制器启动缺失处理机制。

一般地,为了发挥 DNUCA 结构的优势,在数据命中或者缺失过程中都会有数据的搬运或者迁移操作,即某个处理器核所访问的数据块会被移动到在物理距离上尽可能离它较近的 Cache 块中。如图 2.6 所示,①、②、③和④分别对应一个处理器核先后在不同 Cache 块中对同一数据块的查找,这种情况下,4 个访问是串行进行的,网络通信负载也显著增加,极大地增加网络延时。如果在不同的 Cache 块中再加上数据块的迁移,网络负载还会进一步增加。但是,当处理器核发起数据访问对应的 Cache 块在物理上距离较近时,其访问延时可能相对 SNUCA 结构更小。

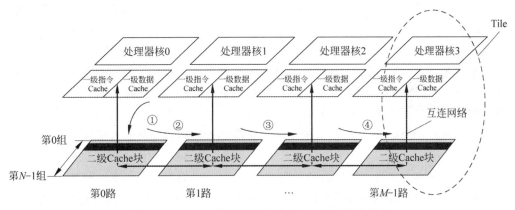

图 2.6　DNUCA 结构中共享末级 Cache 的抽象结构

2.3.3　私有 Cache 架构

如图 2.7 所示,私有末级 Cache 模型中的 L2 Cache 是每个本地处理器核独有的,末级 Cache 只接收来自本地私有 L1 Cache 的访问请求。例如,当一个处理器核在本地 L1 Cache 没有找到所需的指令或者数据(即发生缺失),则该 L1 Cache 的控制器会将该请求直接传输到本地 L2 Cache,L2 Cache 的控制器在接收到该请求之后执行相应的查找和比较操作,如果数据命中,则 L2 Cache 控制器会将该数据返回给上级 Cache;反之,如果 L2 Cache 缺失,则 L2 控制器进一步将数据请求通过互连网络发送给外部存储器,从外部存取取回数据,再逐级返回给相应的 L2 Cache 和 L1 Cache,最后 L1 Cache 控制器再将数据传送给本地处理器核。

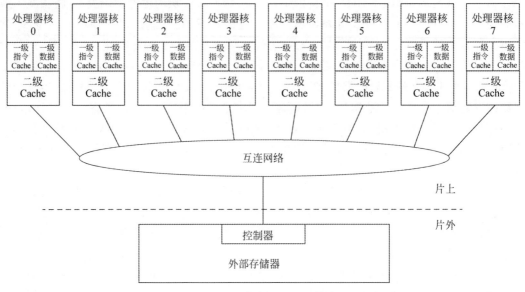

图 2.7　私有末级 Cache 模型

从图 2.7 不难看出,在不同处理器核上执行的线程不会对其他处理器核的私有 L2 Cache 造成干扰,每个处理器核访问各自私有 L2 Cache 不会产生共享资源竞争,而是将可能产生共享资源竞争的瓶颈和一致性的处理向底层转移到了外部存储器接口。

一般情况下,外部存储器接口的数据访问没有共享末级 Cache 模型中 L2 Cache 接收的数据访问频繁,这是因为外部存储器接口所接收的数据访问请求经过了两级 Cache 的过滤。相对于由多个处理器核共享的 L2 Cache,私有 L2 Cache 的容量空间相对减少,这减少了 L2 的平均命中延时。因此,针对主要处理非共享数据的线程具有明显的性能优势。

私有末级 Cache 的一个较大的缺点是多个线程共享的数据块可能在不同处理器核的私有 Cache 中存在多个备份。数据的备份降低了 L2 Cache 的容量利用率。此外,相比共享末级 Cache 而言,私有末级 Cache 的另一个缺点是每个线程对应的 Cache 存储空间是静态分配的,即每个线程所对应的 Cache 存储空间是固定且有限的。这不利于充分均衡地利用整个末级 Cache 的存储空间。

随着微电子工艺的发展,在单芯片上集成越来越多的硬件资源或者处理器核成为可能,在私有末级 Cache 模型中,因 Cache 容量空间限制所带来的性能损失越来越少,相反,人们在关注降低 Cache 缺失率的同时也更加关注如何降低 Cache 命中延时。在基于私有末级 Cache 模型的瓷片多核架构中,由于末级 Cache 是本地处理器核私有的,因此处理器核可以直接访问同一个瓷片内的末级 Cache,不需要再通过互连网络进行数据传输。这样可以极大提高数据的访问效率,降低末级 Cache 的访问延时,减少互连网络的通信负载。

在物理布局上,基于私有末级 Cache 的 Tile 多核架构和基于共享末级 Cache 的 Tile 多核架构类似,如图 2.8 所示。每个 Tile 的结构基本相同,包含一个处理器核、本地私有 L1

指令 Cache 和数据 Cache、一个私有 L2 Cache 块以及相应的控制逻辑,这极大地增强了系统的可扩展性并缓解了功耗的集中分布。但是,私有末级 Cache 和共享末级 Cache 在逻辑结构以及相应的控制逻辑设计方面却有较大的区别。在私有末级 Cache 模型中,L2 Cache 块不会再进一步按照组数或者路数划分,每个 Tile 内的 L2 Cache 块可以完整构成本地处理器核的末级 Cache。因此,L2 Cache 的数据查找、比较和替换过程和 Cache 块的物理分布无关,Cache 命中延时相对固定。不同处理器核对各自的私有 L2 Cache 块可以并行访问,而没有相互干扰。但是,如果线程之间存在对私有 Cache 中共享数据的操作,需要各自 L2 Cache 有相应的一致性处理,这一部分内容第 4 章还会详细讨论。

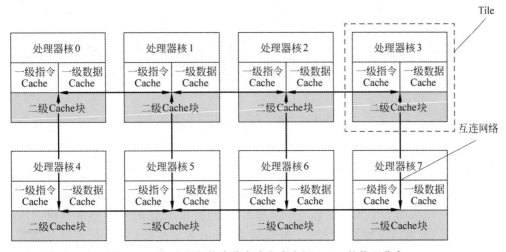

图 2.8 Tile 多核架构中分布式私有末级 Cache 的物理分布

为了更加清楚地介绍基于私有末级 Cache 的 Tile 多核架构,将图 2.8 所示的物理结构进一步抽象可以得到如图 2.9 所示的示意图。假设 L2 Cache 块的存储容量和图 2.4 中的 L2 Cache 块存储容量相同,也假设 L2 Cache 是 M 路组相连。因此,私有 L2 Cache 一共可以分成 $N/4$ 组,每个 Cache 块对应的组数均为 $0 \sim N/4-1$,即 Cache 大小是 $N/4 \times M$ 个数据块。虽然图 2.4 中每个瓷片所包含的 Cache 块大小也是 $N/4 \times M$ 个数据块,但是由于 SNUCA 结构每个瓷片所包含的一部分物理 Cache 只对应整个存储地址空间的一部分,如果地址空间按照线性均匀划分,则 SNUCA 结构的末级 Cache 总容量为 $N/4 \times M \times 4 = N \times M$。而私有末级 Cache 模型中每个处理器核对应的 Cache 大小固定,且均为 $N/4 \times M$ 个数据块。从 Cache 存储空间利用率来看,共享末级 Cache 是私有末级 Cache 的 4 倍。但是,私有 Cache 的一个优点是可以极大降低 L2 Cache 的访问延时,每个处理器核对本地私有 L2 Cache 的数据请求不再需要经过核间互连网络,而是可以通过内部逻辑进行直接访问,如图 2.9 中的虚线所示。基于私有末级 Cache 模型的 Tile 多核架构中的互连网络,主要是保持 Cache 一致性的通信负载以及 L2 Cache 和外部存储的数据交互,因此网络负载较少。此外,不同处理器核对各自私有 L2 Cache 块可以并行访问,如图 2.9 中的①、②、③和

④,没有相互干扰,可以提升访问效率。对于采用更多核数的多核架构实现,共享末级 Cache 模型的处理器核发起数据访问对应的 Cache 块在物理上距离较远时可能带来较大的延时,并且该延时随着核数和规模的增加而显著增加。因此,私有末级 Cache 模型在访问延时优化上具有优势。

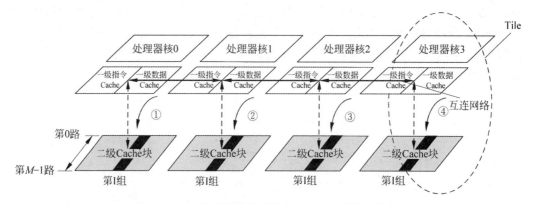

图 2.9　Tile 多核架构中私有末级 Cache 的抽象结构

如上所述,在瓷片多核架构中,共享末级 Cache 和私有末级 Cache 在性能、设计复杂度、硬件开销等方面各有折中。因此,为了更加方便地讨论本书设计的异构多核架构中存储管理机制和 Cache 模型,表 2.1 总结了这两种 Cache 模型的优缺点,其中共享末级 Cache 模型包括 SNUCA 结构和 DNUCA 结构。根据前文的分析,可以初步认为,在核数较少、Cache容量比较有限、核间线程数据共享频繁的情况下,使用共享末级 Cache 模型具有优势;相反,在核数较多、Cache 容量比较充分、核间线程数据共享不频繁的情况下,使用私有末级Cache 模型更加具有优势。此外,在设计复杂度上,共享 Cache 模型的一致性开销较小,一致性处理部分设计较为简单,但是对于 DNUCA 结构,由于数据块在不同的路之间存在数据迁移或交换,设计相对复杂,而且数据迁移或交换增加的网络负载所带来的数据访问延时开销可能会削弱共享 Cache 的性能优势。而私有 Cache 模型需要维护两级私有的 Cache 中所有线程共享数据块的一致性,因此一致性的开销相对增加,一致性处理机制也相对复杂,但这部分开销和私有 Cache 所带来的性能和能效收益相比,几乎可以忽略。

表 2.1　共享末级 Cache 和私有末级 Cache 比较

共享末级 Cache	私有末级 Cache
没有重复数据块(更高容量利用率)	有重复数据块(较低容量利用率)
线程/核动态按需分配 Cache 容量空间	线程/核静态分配 Cache 容量空间
较低一致性开销	较高一致性开销
线程间干扰严重	线程间没有干扰
较大的末级 Cache 命中延时	较低的末级 Cache 命中延时
末级 Cache 访问延时和物理布局相关	末级 Cache 访问延时和物理布局无关
访问末级 Cache 资源容易产生竞争	访问末级 Cache 资源没有竞争

2.4　互连网络

2.4.1　片上网络通信机制

Tile 多核架构主要采用片上网络进行互连通信,片上网络的通信效率主要由三个要素决定:网络拓扑(Network Topology)、路由(Routing)和流控机制(Flow Control)[9-10]。不同网络节点之间的互连形式称为网络拓扑,典型的网络拓扑有二维网格(2D Mesh)、二维花式(2D Torus)、蝶形网络(Butterfly)或者超立方结构(Hypercube)等。不同的拓扑网络决定了不同节点之间可能的路径种类和距离。本书讨论的 Tile 多核架构采用的是二维网格拓扑,这种拓扑结构相对规则,可扩展性强。路由则是确定节点之间传输消息的实际路径。一个较好的路径选择可以最小化它们的距离,也可以同时平衡网络中共享资源的需求,缓解因网络中竞争共享资源而造成的网络拥塞。不同的拓扑网络和路由在负载均衡和延时优化方面效果不同。基于二维网格拓扑的路由相对简单,一般最基本的 XY 或 YX 维序路由即可达到很好的路由效果。流控机制决定了消息在传输过程中对网络中某些特定资源的使用和分配。如果流控机制的控制效果较好,那么资源利用率就越高,转发数据包的延迟越小,避免了出现高负载下的资源闲置,达到资源均衡的目的,这也是缓解因网络中竞争共享资源而造成的网络拥塞的关键。

片上网络的这 3 个要素都可以在片上网络路由器微体系结构中得到体现。本书讨论的基准(Baseline)片上网络路由器如图 2.10 所示。该路由器是一种典型的基于 Credit 的虚通道(Virtual Channel)路由器[9],其中数据通路主要由一组输入缓存、一个交叉开关(Switch Crossbar)和一组输出逻辑组成,负责网络消息负载(Network Payload Message)的存储和移动。而控制模块主要负责流控信息(Flow Control Message)处理,协调消息负载在数据通路的移动。

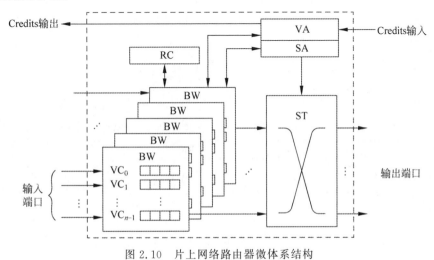

图 2.10　片上网络路由器微体系结构

对于如图 2.10 所示的虚通道路由器,控制模块负责路由计算、虚通道分配和交叉开关的分配。如果将输入控制部分与输入缓存相关联称为输入单元,输出部分也可以称为输出单元。这里假设片上网络的拓扑结构是二维网格,因此一共需要 5 个输入端口和 5 个输出端口,其中 4 个分别连接二维网络中各自相邻路由器,剩下的 1 个输入端口和 1 输出端口分别对应片上网络的网络注入端口(Inject Port)和网络输出端口(Eject Port)。片上网络中的数据包(Packet)是由若干片(Flit)组成。当一个数据包的 Flit 依次到达路由器的输入端口时,输入缓存会保存到达的 Flit 直到它们被转发。一般每个虚通道会设置一个状态寄存器跟踪并记录虚通道的实际状态,可以指示当前虚通道是否被激活,或者其对应输入缓存的空间余量等信息。

一般路由器有 5 级流水(不包含路由之间的物理链接传输部分)[9],它们分别是:写输入缓存(Buffer Write,BW)阶段主要对应将 Flit 存入输入缓存;路由计算(Route Computing,RC)阶段主要对应确定当前数据包的输出端口;虚通道分配阶段(Virtual channel Allocation,VA)对应虚通道分配;而交叉开关分配(Switch Allocation,SA)阶段和交叉开关传输(Switch Traversal,ST)阶段对应交叉开关的分配。如果 VA 和 SA 阶段分配成功,该 Flit 经过 ST 阶段传输到下一个(Downstream)路由器输入端口。

如图 2.11 所示,数据包的第一个 Flit,即 Head Flit,会经历全部的流水线。但是,由于数据包的输出端口已经在第一个 Flit 的 RC 阶段确定,虚通道也在第一个 Flit 的 VA 阶段得到分配,后续 Flit(包括 Body Flit 和 Tail Flit)在被存入输入缓存之后,不需要经过 RC 和 VA 两级流水线而直接进入 SA 阶段,并且如果 SA 阶段的交叉开关分配成功,后续 Flit 依次经过 ST 传输到下一个路由器输入端口。

显然,Flit 经过标准的 5 级流水的路由器最长需要 5 个时钟周期,如图 2.11(a)所示,后续 Flit 在经历 BW 级流水线之后有两个空闲的等待周期,延时较长。因此,可以考虑将路由器的流水线合并优化。相比将每个流水阶段进行简单合并可能增加路由器关键路径延时,可以通过提前预测(Speculation 和 Lookahead)的方式优化路由器的流水线级数。如图 2.11(b)所示,可以提前预测已经得到虚通道分配,然后将 SA 和 VA 同时并行进行,这样可以把第一个 Flit 所要经过的流水线级数减少到 3 级,而后续 Flit 在经历 BW 级流水线之后的等待周期压缩为 1 个周期。

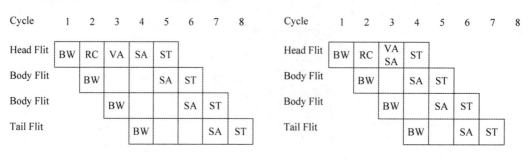

(a) 标准5级流水　　　　　　　　　　　　(b) 优化后4级流水

图 2.11　片上网络路由器流水线示意图

如果 VA 或者 SA 失败,那么流水线暂停,VA 和 SA 在下一周期重新进行直到成功分配虚通道和交叉开关。以类似的方法,还可以进一步合并 ST 级。如果将路由计算也提前进行,即 Lookahead 路由[11],那么还可以继续把 RC 级也合并,从而再减少一级流水线。当然,不同的预测方法各有折中,预测失败的代价也不同。一般地,将 VA 和 SA 合并是比较常见的做法。

2.4.2 片上网络延时优化技术

针对片上网络的延时优化可以从以下几个方面展开:流控机制、路由算法、网络拓扑或其他物理参数相关的优化手段等。不同的技术手段有各自的优缺点和折中,一般地,对流控机制和路由算法的优化较为普遍,且这两方面的优化方法可以具有一定普适性或通用性;而针对网络拓扑或者物理参数的优化一般需要结合特定的应用背景,可优化的空间较大,但是普适性和优化效果需要较多限制条件的保证。下面就针对片上网络延时优化的一些典型方法进行介绍。

单周期多跳异步中继传输技术(Single-Cycle Multi-hop Asynchronous Repeated Traversal,SMART)[12-13]通过结合异步电路和物理布局布线技术实现了在多跳(Hop)之间单周期的传输,打破了片上网络因物理距离不同而产生延时不同的壁垒。并且,利用 SMART 可以实现高效的 DNUCA 数据查找和迁移。SMART 的设计细节是,首先把传统路由器的流水线进行优化合并,例如首先将路由器流水线的交叉开关分配拆分为两级,分别是局部交叉开关分配(Switch Allocation Local,SA-L)和全局交叉开关分配(Switch Allocation Global,SA-G)。然后将 BW、RC、虚通道选择(VC Selection,VS)和 SA-L 级合并;ST 和物理链接传输(Link Traversal,LT)级合并。其中,SA-L 级和传统路由器的 SA 的功能完全相同,即路由器为当前缓存中的 Flit 选择合适的输出端口。而 SA-G 级则是通过中继器广播一个建立单周期多跳传输的请求(SSR),从而建立单周期多跳的传输路径,跳数由具体物理参数决定。

由于传统深度流水(Deep Pipelining)技术没有减少传输延时,而是仅通过提高吞吐率提高性能,SMART 为了保证路由器能够达到一定的性能,使用异步中继器技术减少关键路径线延时,同时克服了使用大量流水线寄存器的功耗开销。然而,SMART 的不足是严重依赖于物理布局布线设计,单周期传输路径也仅支持一维传输,其实际应用范围受到限制。

冻结路由器(Freeze Router)[8]和 SMART 类似,采用了一种电路级时钟门控技术在片上网络中建立一种快速传输路径,该路径上的数据包不被写入任何路由器的输入缓存以实现快速传输,这类数据包会自带一个标记余下跳数(Hops-Left)的域(Field),在该数据包每传输一跳之后 Hops-Left 的数值减 1,如果减为 0 则说明到达目的节点;反之则在相同方向继续传输。路由器的其他设计细节和传统路由器相同,采用三级流水实现,包括虚通道分配、路由计算和交叉开关分配等。如果需要快速传输一个数据包,可以通过先临时冻结这个路由器一个时钟周期,再通过快速传输的引擎(Engine)直接把该数据包传输到下一级路由器输入端口。路由器的冻结是通过时钟门控技术关闭该路由器的流水线寄存器的时钟实现的,保证了在进行快速传输时没有其他数据包通过这条路径。为了保证关闭时钟之后不会丢失输入的流控和数据信息,输入缓存可以保持接收数据的状态,并且采用基于 Credit 的流控机制保证了输入缓存不会溢出。冻结路由器将数据包按优先级分类管理,快速传输的数据包具有较高优先级,不同类型的数据包在物理链路上的传输通过多路选择器控制。冻结路由器的最大优点是几乎没有对传统路由器进行修改,而是通过增加一部分逻辑电路实现了快速传输引擎。然而遗憾的是,冻结路由器仅支持一维快速传输,而且时钟门控技术也需要电路级设计。

路由器的虚通道可分为两类,一类是普通的虚通道(Normal Virtual Channels,NVC);另一类是快速虚通道(Express Virtual Channel,EVC)[14]。NVC 通过逐跳的方式传输数据包,而 EVC 的数据包不经过输入缓存和仲裁计算,只经过路由器的 ST 和 LT 两级流水线直接转发(Forward)到下一级路由器。

EVC 可以分为静态 EVC 和动态 EVC,静态 EVC 的虚通道分类相对固定,EVC 传输的源节点(Source Node)和下沉节点(Sink Node)也是固定的,即片上网络中哪些节点可以作为源节点或者下沉节点已经提前确定,因此静态 EVC 不能充分发掘缓存的利用率,灵活较差。而动态 EVC 的源节点和下沉节点相对灵活,片上网络中每个节点都可能作为源节点或者下沉节点。

一个数据包的 Head Flit 根据路由器中还剩余可用虚通道的数量以及传输路径的距离选择是否需要进行 EVC 传输,可以提高缓存利用率和灵活性。快速路径的建立需要每个 EVC 数据包提前一个时钟周期发送一个建立信号,使得 EVC 数据包到达相应中间节点时可以直接传输到相应的输出端口。由于 EVC 数据包不经过输入缓存,可以极大地减少延时和能耗。为了确保片上网络不丢失数据包(Packet Loss),传统虚通道路由器通过采用基于 Credit 的流控机制确保下一级(Down Stream)路由器有足够空闲的缓存资源,而 EVC 传输的路由器为了保证第 k 跳对应的路由器有足够空闲的缓存资源,下一级路由器和上一级路由器之间也采用了简单的握手方式,当下一级路由器空闲的缓存资源低于某个阈值时,将会向上一级路由器发送停止传输的信号。无论静态 EVC 还是动态 EVC,快速路径传输的跳数受限于一个 l_{max} 的极值。此外,为了避免冲突,约定 EVC 路径只能单向传输,保证同一维度传输的 EVC 是以串行的顺序通过物理链路。

混合电路/包交换(Hybrid Circuit/Packet-Switched)[15]是一种结合电路交换和包交换的流控机制。和 EVC 类似,电路交换也是通过直接旁路路由器的流水线的方式实现快速通过一个节点。电路交换的数据包不经过输入缓存和虚通道分配,而是只经过路由器的交叉开关传输和物理链路传输两级流水线直接转发到下一级路由器。因此,电路交换也需要提前建立电路交换传输的路径。一般地,建立电路交换需要提前发送建立消息,并且只有在收到应答消息之后才可发起一次电路传输。

EVC 在片上网络中设置了下沉节点,实际传输跳数受到下沉节点的输入缓存的余量限制,和 EVC 不同的是,电路交换的建立不受路径长度(跳数)限制,也不受具体传输方向或者维度限制,只要当前路由器在收到一个电路建立请求时具备建立电路传输的条件即可,不需要设置特殊的节点,并且每个路由器都可以根据数据传输需要建立电路传输路径。一旦某个路由器的某个输入端口和输出端口之间被配置成电路传输模式,这两个端口之间对应的物理链路被电路交换的数据包独占,只有电路交换数据包可通过这两个端口,并且通过这两个端口之间时只需要经过 ST 即可。值得注意的是,一个被配置成电路交换的路由器只有在收到电路撤销(Tear Down)消息之后才会解除相应输入输出端口对应物理链路的独占状态。由此可见,在网络负载增大的情况下,电路交换可能增加网络拥塞从而影响系统性能。为了缓解电路交换的这一缺陷,有些研究把电路交换的数据包和普通包的传输分成两个物理网络层(Physical Network Planes),电路建立消息通过包交换的网络层传输,而其他需要快速传输的消息通过电路交换的网络层传输。由于采用了多个物理网络层,带来了额外的硬件开销和功耗。因此,可以优化的是,只采用一个物理网络层,并把同一个网络的带宽划分成多个物理通道[15],但是这增加了数据包在不同物理通道之间仲裁和选择的复杂度。

除了对片上网络的流控机制、底层电路或物理参数优化设计以外,对片上网络延时方面的优化还包括自适应路由算法、网络拓扑结构以及其他一些面向特殊应用的定制化设计。自适应路由算法通常旨在优化网络中的拥塞情况,期望数据包的传输尽可能回避网络拥塞热点(Hotspot),从而降低延时。例如,基于目的自适应路由(Destination-Based Adaptive Routing, DBAR)[16]通过设置一个全局网络拥塞信息回传网络,能够对网络中拥塞的情况进行监控实现了一种高效的自适应路由算法。但是,自适应路由算法的一个设计难点是需要特别注意死锁避免,这也是评价自适应路由算法的关键因素之一,并且可能带来额外硬件开销。另一个难点是网络拓扑结构的设计,例如可重构 NoC(Reconfigurable NoC, ReNoC)[17]通过分析不同应用的特点,根据片上系统任务划分和映射配置最优化的网络拓扑结构,从而实现任务间通信延时的优化。但是,网络拓扑的改变通常牺牲了网络的可扩展性和通用性,尤其在瓷片多核架构中难以实现。

还有一类是根据实际片上网络传输消息负载的特点进行优化,例如可以通过观察 Cache 一致性协议中多播(Multicast)和归约消息(Collective)的特点,设计了一种归约支持(Supporting Efficient Collective)[18]的片上网络。如果一致性协议的多播应答(ACK)消息的传输路径可以重合,那么这些短包可以组合成一个长包进行传输,从而减少了网络的整体负载。

此外,还有一种片上网络和总线的混合设计实现了多核系统中的全局目录局部监听的一致性协议,目录协议的消息通过片上网络路由器进行传输,而监听协议的消息通过总线传输[19]。为了不增加额外物理链路,片上网络和总线的物理链路采用分时复用机制,并且设计了专门的仲裁机制保证物理链路不发生冲突。该设计期望同时兼顾总线对广播信息传输的优势以及片上网络在多核系统中实现目录协议的优势。但是,总线的仲裁逻辑带来了额外的硬件开销。

2.5　小结

　　本章主要介绍了众核处理器架构。首先概述了处理器架构的设计与优化主要从计算、存储、通信三方面展开,结合实际应用特性,通过利用应用的计算特性、存储访问特性以及通信特性等得到处理器性能和能效的改进。接着介绍了众核处理器架构中具有优势和普遍性的瓷片众核处理器架构,然后进一步从该架构的存储机制、存储层次结构、共享和私有Cache以及片上网络通信机制等多方面进行了介绍和分析。在介绍过程中,本章既谈到本书提出架构的特点,也综述了国内外优秀研究成果,以及相互对比的优势和缺陷。本章为众核处理器架构设计,尤其瓷片众核处理器架构设计与优化提供了技术方案参考。

参考文献

[1]　Esmaeilzadeh H,Blem E,et al. Dark Silicon and the End of Multicore Scaling[C]//Proceedings of the International Symposium on Computer Architecture (ISCA),San Jose,CA,USA,2011:365-376.

[2]　Beckmann B,Wood D. Managing Wire Delay in Large Chip-Multiprocessor Caches[C]//Proceedings of the IEEE/ACM International Symposium on Microarchitecture (MICRO),Portland,OR,USA,2004:319-330.

[3]　Prieto P,Puente V,Gregorio J. Multilevel Cache Modeling for Chip-Multiprocessor Systems[J]. IEEE Computer Architecture Letters,2011,10(2):49-52.

[4]　Muralimanohar N,Balasubramanian R,et al. Optimizing NUCA Organizations and Wiring Alternatives for Large Caches with CACTI 6.0[C]//Proceedings of the IEEE/ACM International Symposium on Microarchitecture (MICRO),Chicago,Illinois,USA,2007:3-14.

[5]　Tam D,Azimi R,et al. RapidMRC:Approximating L2 Miss Rate Curves on Commodity Systems for Online Optimizations[C]//Proceedings of the International Conference on Architectural Support for Programming Languages and Operating Systems (ASPLOS),Washington,DC,USA,2009:121-132.

[6]　Wang Y,Zhang L,et al. Data Remapping for Static NUCA in Degradable Chip Multiprocessors[J]. IEEE Transactions on Very Large Scale Integration (VLSI) Systems,2015,23(5):879-892.

[7]　Jin Y,Kim E,Yum K. Design and Analysis of On-chip Networks for Large-scale Cache Systems[J]. IEEE Transactions on Computers,2010,59(3):332-344.

[8]　Arora A,Harne M,et al. FP-NUCA:A Fast NoC Layer for Implementing Large NUCA Caches[J]. IEEE Transactions on Parallel and Distributed Systems,2015,26(9):2465-2478.

[9]　Dally W,Towles B. Principles and Practices of Interconnection Networks[M]. San Francisco,CA,USA:Morgan Kaufmann,2003.

[10]　Michelogiannakis G,Becker D,Dally W. Evaluating Elastic Buffer and Wormhole Flow Control[J]. IEEE Transactions on Computers,2011,60(6):896-903.

[11]　Galles M. Spider:A High-speed Network Interconnect[J]. IEEE Micro,1997,17(1):34-39.

[12]　Krishna T,Chen C,et al. Breaking the On-chip Latency Barrier Using SMART[C]//Proceedings of

the IEEE International Symposium on High Performance Computer Architecture (HPCA), Shenzhen, China, 2013: 378-389.

[13] Kwon W, Krishna T, Peh L. Locality-oblivious Cache Organization Leveraging Single-cycle Multi-hop NoCs [C]//Proceedings of the International Conference on Architectural Support for Programming Languages and Operating Systems (ASPLOS), Salt Lake City, Utah, USA, 2014: 715-728.

[14] Kumar A, Peh L, et al. Express Virtual Channels: Towards the Ideal Interconnection Fabric[C]//Proceedings of the International Symposium on Computer Architecture (ISCA), San Diego, CA, USA, 2007, 150-161.

[15] Enright Jerger N, Peh L, Lipasti M. Circuit-Switched Coherence[C]//Proceedings of the ACM/IEEE International Symposium on Networks-on-Chip, Newcastle upon Tyne, UK, 2008: 193-202.

[16] Ma S, Enright Jerger N, Wang Z. DBAR: An Efficient Routing Algorithm to Support Multiple Concurrent Applications in Networks-on-chip[C]//Proceedings of the International Symposium on ComputerArchitecture (ISCA), San Jose, CA, USA, 2011: 413-424.

[17] Stensgaard M, Sparsø J. ReNoC: A Network-on-Chip Architecture with Reconfigurable Topology [C]//Proceedings of the ACM/IEEE International Symposium on Networks-on-Chip, Newcastle upon Tyne, UK, 2008: 55-64.

[18] Ma S, Enright Jerger N, Wang Z. Supporting Efficient Collective Communication in NoCs[C]//Proceedings of the IEEE International Symposium on High Performance Computer Architecture (HPCA), New Orleans, LA, USA, 2012: 1-12.

[19] Zhao H, Jang O, et al. A Hybrid NoC Design for Cache Coherence Optimization for Chip Multiprocessors[C]//Proceedings of the Design Automation Conference (DAC), San Francisco, CA, USA, 2012: 834-842.

第 3 章

众核处理器存储优化

3.1 存储层次结构

在处理器设计中,处理器核与存储单元性能之间的差距所导致的"存储墙"(Memory Wall)[1]问题一直以来都是制约处理器性能和能效的关键因素之一。近年来,随着微电子工艺的发展,处理器核的性能取得长足进展,然而存储器的性能增长相对缓慢。如图 3.1 所示,截至 2017 年,处理器核与典型存储器之间的性能差异还在呈现增长趋势。为了缓解这一问题,为处理器设计高效的存储管理系统变得更加迫切,然而不同的存储介质单元具有不同的访问速度、生产成本以及集成度等。如表 3.1 所示,如果处理器核的频率按照 2GHz 计算,小容量 SRAM 的访问延时更加接近处理器核的性能,但是随着 SRAM 容量的增大,延时也在增加,而典型普通内存(DRAM)的延时和处理器核的性能差异在百倍以上。因此,将处理器的存储系统按照片上寄存器、Cache、片外内存以及磁盘的存储层次结构(Memory Hierarchy)进行管理。由于片外内存和磁盘属于片外存储介质,对处理器性能的影响没有寄存器和 Cache 敏感,而寄存器的大小和数量是由处理器核的架构决定,因此,本节主要讨论对异构多核处理器 Cache 的优化。

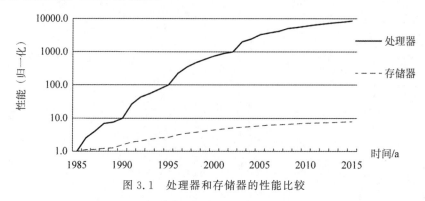

图 3.1　处理器和存储器的性能比较

一般地,在现代处理器设计中,Cache 通常不仅包含一级 Cache,而且包含了多级 Cache(Multi-Level Cache),因此也可以称为 Cache 层次结构(Cache Hierarchy)。这既是一种折中方式的选择,也是一种 Cache 优化策略。如表 3.1 所示,小容量的 SRAM 具有更低的延时,而容量相对大的 SRAM 的延时也相应增加。将速度更快的 Cache 放在更高级(Higher Level)的离处理器核更近的位置有利于高效快速地访问常用的数据,而将速度较慢的 Cache 放在更低级(Lower Level)的离处理器核更远的位置是因为更低级 Cache 接收的数据访问已经经过上一级 Cache 的过滤,可以缓解它的较大延时对处理器核的影响,也可以弥补更高级 Cache 和外部存储之间的速度差异问题。

根据这些特点,就两级 Cache 层次结构而言,典型的现代处理器都将容量较小的一级 Cache 设计为私有 Cache,在关联度、组织结构方面的设计模式相对固定,因此优化空间较小。而二级 Cache,也就是末级 Cache(LLC)容量较大,在关联度、组织结构方面的设计模式更加灵活。根据 2.3 节的分析,在基于共享存储模型的瓷片多核架构中,末级 Cache 的管理方式和访问效率不仅决定了数据的存取效率,还决定了核间通信效率,优化空间较大。因此,针对本书设计的目标架构,讨论和优化末级 Cache 十分必要。

表 3.1　典型的存储介质性能比较

存 储 介 质	容　　　量	平 均 延 时
小容量 SRAM	512B	亚纳秒级
大容量 SRAM	KB～MB	纳秒级
普通内存(DRAM)	GB	～50ns
磁盘(Hard Disk)	TB	～10ms

Cache 的优化一般有以下几个参考指标。首先是命中率或缺失率的优化,由于命中率一般较高,并且缺失率和命中率可以相互转换,所以通常只讨论缺失率。这一部分优化比较直观,缺失率直接通过数据反映。根据 Cache 产生缺失的类型,缺失又可以进一步分为以下几种。

(1)义务缺失(Compulsory Misses)也称为冷启动缺失,是指对不在 Cache 中的数据行的第一次访问所造成的缺失,通常这一部分缺失不可避免。

(2)容量缺失(Capacity Misses)是指内存中的数据块活跃部分超出了 Cache 容量大小,只涉及全相连策略。

(3)冲突缺失(Conflict Misses)是指虽然地址空间的活跃部分没有超出 Cache 大小,但是由于许多数据块可能映射到相同的 Cache 行,数据替换过程中形成冲突产生的缺失,这一部分缺失会涉及直接映射和组相连策略。

(4)一致性缺失(Coherence Misses)是指在维护多核一致性时,根据多核一致性协议使得一些数据块无效产生的缺失,这一部分缺失可以通过优化一致性协议得到改善。

由此可见,在考虑优化 Cache 组织结构时,应该着重关注减少冲突缺失,尤其在基于共享存储模型的多核处理器中,产生冲突缺失的可能性更高,这是因为不同线程的存储访问特性不同,从 Cache 设计的角度可以概括为时间局部性和空间局部性不同,那么不同线程访问的数据块映射到相同的 Cache 行则更容易产生相互干扰,发生冲突缺失,这个现象也可以称为 Cache 的容量交互问题(Cache Capacity Interference Problem)[2-4]。因此,在本书的设计中,提出了一种面向异构负载优化的时空局部性感知的自适应 Cache,该 Cache 的目的是缓解共享存储模型多核之间的 Cache 容量交互问题,减少 Cache 的冲突缺失,优化 Cache 的缺失率。

此外,Cache 优化的还包括命中延时和缺失损失,命中延时一般由决定命中/缺失的时间和访问 Cache 存储器的时间组成,而缺失损失是指在 Cache 发生缺失时替换一个数据块的时间和传输该数据块给处理器的时间总和。这几个参考指标之间不是独立的,而是相互关联,通常在优化一个指标的同时可能会带来另一个指标的恶化。例如,通过增加 Cache 关联度可以减少 Cache 冲突缺失,但与此同时也因增加了 Cache 组织结构的逻辑复杂度可能会增加 Cache 的命中延时。

在本书讨论的瓷片多核处理器架构中,决定命中/缺失的时间不仅和 Cache 关联度、内部逻辑电路结构有关,还和 Cache 块的物理布局、互连网络延时等因素有关。同样,当发生 Cache 缺失时,替换一个数据块的时间和传输该数据块给处理器的时间也和 Cache 块的物理布局、互连网络延时等因素有关。因此,在优化缺失率的同时也应该尽可能优化命中延时和缺失损失。在本书的设计中,期望提出一种自适应 Cache 和片上网络的协同设计,目标是同时优化 Cache 的缺失率和互连网络通信延时,并且尽可能降低 Cache 一致性的开销,以期得到更大的优化空间。

3.2 Cache 优化技术

在多核架构中,对 Cache 层次中最后一级 Cache 的优化能够得到更大的性能提升空间。因此,本书讨论的自适应 Cache 设计主要针对末级 Cache。过去一段时间里,已经有大量的关于多核架构中末级 Cache 优化的研究。它们分别针对 Cache 的不同优化指标做出了努力,包括命中率/缺失率、命中延时、缺失损失以及一致性开销等。

一般地,在这些设计中,为了更好地捕捉到实际应用的存储访问行为特点并加以利用,它们或多或少都能够使 Cache 的数据替换策略、数据映射方式甚至 Cache 硬件组织结构可以根据实际应用行为动态调整或者改变,表现出一定的智能性(Intelligence)或者自适应性(Adaptability)。这是因为,目前应用的访存行为越来越复杂多样,单一固化的 Cache 组织结构难以保证所设计的多核系统对多种应用表现出同等的性能和能效优势。例如,一般的 Cache 组织结构对流式(Stream-like)应用所带来的性能提升非常有限,这是因为这类应用的空间局部性较差,一般的 Cache 组织结构难以通过利用这类应用的访存特点提升系统的性能[5-6]。这也是引导流处理器或者 GPU 发展的重要原因之一。此外,和单核处理器相比,在基于共享存储模型的多核处理器中,存储层次结构不仅决定了数据存取的效率,还关系到多线程之间的数据通信开销。因此,能够使得 Cache 在硬件结构设计上表现出一定的自适应性,并且在一定程度上捕捉到实际应用的存储访问行为特点并加以利用十分必要。

对于基于共享末级 Cache 模型的 DNUCA 结构,由于 Cache 块是按照路数划分,并且数据块可以在不同 Cache 块中迁移。因此,过去的研究主要是为了解决如何高效地完成数据查找(Search)、数据替换(Replacement)以及数据迁移(Migration)等问题。一般地,由于一个数据块可能存在的 Cache 路的位置不固定,数据查找是为了更加快速地定位所需要访问的数据块的位置并且快速判断当前数据访问的缺失或者命中结果,而数据替换和数据迁移则期望将可能被频繁访问的数据放置在离访问它的处理器核更近的位置。例如,在一个具有 16MB Cache 并采用 16×16 二维网格拓扑的 DNUCA 结构中,网络延时占一次 Cache 访问总延时的 60%以上[7]。如果在末级 Cache 中没有发现相应的数据块,这一延时比例还会更高,因为数据的查找是在不同 Cache 的路中依次串行进行的。因此,有学者提出了一种基于多播操作的快速 LRU 替换策略(Multicast Fast-LRU)[7],其中 Cache 的替换和 Tag 的比较操作是同时并行进行的,一旦在当前 Cache 块中的 Tag 比较结果是缺失,则相应的数据块同时迁移到下一个最近较少访问(LRU)对应的 Cache 块中,如果所有 Cache 块中的 Tag 比较均是缺失,那么该数据请求转发到外部存储,取回的数据块直接传输到最近最多访问(MRU)对应的 Cache 块;如果在某一个 Cache 块中命中该数据块,则该数据块也直接传输到 MRU 对应的 Cache 块中,无须再进行数据迁移操作,这样即完成一次数据访问操作。为了进一步提高 Tag 比较的效率,设计了支持多播操作的片上网络路由器,例如,两路多播路由器可以在接收到数据请求时,将数据请求同时发送给 MRU 和次级 MRU 对应的两个 Cache 块进行 Tag 比较操作,提高了 Tag 比较的效率。

此外,FP-NUCA[8]为了缓解 DNUCA 结构中较高的网络延时,将 Cache 块进行分组(Cache Bank Set),在每个组内规定了一个主块(Home Bank),所有的数据请求首先发送给主块,然后再由主块将该请求发送到组内的其他 Cache 块,这就规定了 Cache 块之间的通信模式,也称为一种 NUCA 协议。通过这种方式事先规定数据查找路径,再对片上网络路由器进行专门的优化可以极大减少 DNUCA 结构中 Cache 访问延时。然而,DNUCA 结构依然不能克服 Cache 容量交互问题。从 Cache 的优化指标来看,这种方法主要是优化 Cache 的命中延时或者缺失损失,对 Cache 的命中率或者缺失率没有明显的改善。不幸的是,随着核数的增加,DNUCA 结构的 Cache 块在物理布局和管理机制设计上变得更加复杂,例如针对 64 核的多核系统,Cache 块可能多达 64 个,这给数据的查找、替换和迁移带来了新的困难,特别在基于片上网络进行互连通信的瓷片多核架构中,网络延时和物理距离、网络负载情况呈正相关[9-10]。因此,在 DNUCA 结构中,为了把数据迁移到离处理器核较近的位置所带来的性能收益完全可能被严重的网络延时所削弱。这也是过去讨论和研究中的 DNUCA 结构一般最多只涉及 8 核或者 16 核的原因之一[9,11]。此外,DNUCA 结构对片上资源的物理布局也十分敏感,一般同一组对应若干路的 Cache 块会放在同一物理维度。因此,DNUCA 结构在大规模多核系统中的应用还有待进一步评估。

还有一些自适应 Cache 的研究是针对动态分配末级 Cache 中的私有和共享部分[12-14],这一类设计不涉及数据块的查找或者迁移,也没有利用编译器辅助的方式对私有或者共享数据进行标记或映射[15-16]。因此,这一类设计简化了软件设计复杂度,使得 Cache 的自适应特性更加灵活。例如,云 Cache(CloudCache)就是这一类设计的典型代表[12]。它通过动态改变每个线程所占有的私有 Cache 的大小以满足不同线程对 Cache 的容量需求。这项设计在不同线程之间对存储需求表现出一定异构性时具有明显的优化效果,而当线程之间的数据访问特性差异不大时,性能收益并不明显。此外,由于该设计是基于私有 Cache 设计,在 Cache 容量利用率上不如共享 Cache 设计。动态调整私有 Cache 的容量可能导致一些线程对应的私有数据发生改变,因此该设计提出了一种基于链式目录的一致性协议,协议开销相对复杂。Victim 重复(Victim Replication, VR)则将本地末级 Cache 视为一个 Victim Cache 接收私有一级 Cache 所替换和驱逐(Evicted)的数据[14]。具体实现方案是,当一级私有 Cache 的数据块被替换时,在本地末级 Cache 中保留一个该数据块的备份(Replica),当下一次该数据块被访问时,可以快速地把这个数据传输给处理器核。每组末级 Cache 可以由若干 Replica 和共享的数据块组成。为了简化一致性,约定当共享的数据块存在其他共享者(Sharers)时不能被一个 Replica 替换。只有在当前的共享数据块处于无效状态,或者没有其他共享者时可以被替换。当然,一个 Replica 可以替换另一个 Replica。可以看出,VR 中 Replica 的分配也是动态的过程,是一种共享 Cache 和私有 Cache 的折中,同时具有共享 Cache 较高容量利用率和私有 Cache 较低命中延时的优点。

Elastic Cooperative Caching(ECC)[13]和 VR 类似,将分布式的末级 Cache 动态划分成两个部分:一部分作为本地私有 Cache;另一部分作为多核之间的共享 Cache。这两部分 Cache 空间的比例由一个 Cache 划分单元通过监控 Cache 的缺失率动态调整。当 Cache 的更多命中发生在共享 Cache 部分时,共享 Cache 部分的比例会相应增加;反之,共享 Cache 部分的比例会减少。相比 VR,ECC 进一步监控了程序的访存行为,能够更加灵活地捕捉线程之间数据的共享程度的变化,所体现的自适应特性更加明显,优化空间更大。但是 ECC 仅实现了双核系统,在多核系统的效果有待进一步评估。而 MorphCache[17]则是进一步发挥了 Cache 的自适应特性,将多级 Cache 之间的层次结构定义为 Cache 的拓扑结构(Cache Topology),在程序的运行过程中,通过合并(Merge)和分离(Split)Cache 的组织结构或连接关系动态改变 Cache 的拓扑结构并且决定 Cache 块的共享或私有状态。这种改变既包括不同层级(Vertical)的 Cache 之间合并或分离,也包括同层级(Horizontal)的 Cache 之间的合并或分离。MorphCache 通过判断程序的 Cache 有效覆盖空间(Active Cache Footprints,ACF)改变 Cache 拓扑结构,能够有效提升系统的性能。除了对 Cache 组织结构的优化,还有对 Cache 一致性的优化。例如,为了提高基于监听协议的数据查找延时,有学者提出一种总线和片上网络的混合设计并实现了局部监听全局目录(Global Directory-Based and Local Snooping)的 Cache 一致性协议[18],其中,瓷片多核架构中一个瓷片的网络接口(Network Interface, NI)可以动态切换成总线连接或者片上网络连接。当一个处理器核发起一个末级 Cache 访问时,相应 Cache 路对应的瓷片包含的网络接口会切换总线连接,然后该访问请求会以总线广播(Broadcast)的形式并行查询这些 Cache 块中是否存在所请求的数据,从而快速确定数据的命中或者缺失结果。相比普通 NUCA 结构是以在 Cache 块之间依次串行查询的方式,这一设计能够更加高效地定位数据块的位置并判断命中/缺失结果,能够明显降低数据查找的延时而优化性能。但是这一设计也因为集成了额外的总线控制器带来了额外的硬件开销和功耗。

通过观察以上几类典型的自适应 Cache 设计,可以总结的是:

(1) 由于基于共享 Cache 模型的 DNUCA 结构在 Cache 访问过程中具有较大的网络延时,因此,针对 DNUCA 结构主要考虑对 Cache 访问延时的优化,即主要优化数据查找、替换或者迁移的延时,在 Cache 的命中率或者缺失率方面的优化效果不明显。

(2) 除了对 DNUCA 结构的优化,还有一些自适应 Cache 或多或少通过捕捉实际程序的访存行为来改变 Cache 的组织结构,但是它们主要是改变 Cache 中的共享或者私有数据所占 Cache 空间的比例,而没有进一步考虑程序在访存行为上的时间局部性和空间局部性差异。例如,对于流式程序而言,这类程序表现出较低的时间局部性,即所访问的数据一般仅使用一次而很少重复使用,那么无论是增加还是减少这类线程对应的私有 Cache 空间或共享 Cache 空间都对性能提升没有显著效果。此外,针对同一个线程,在不同的运行阶段,其所表现的时间局部性和空间局部性也可能存在明显差异。因此,现有的自适应 Cache 设计没有捕捉到程序访存上的时空局部性差异并加以利用,从而失去了进一步提升性能的机会。

3.3 存储结构优化设计

3.3.1 自适应共享 Cache 结构

如图 3.2 所示,在基于自适应共享末级 Cache 模型的瓷片多核架构中,自适应 Cache 是将每个 Cache 块划分成两部分:一部分为 Prefetch 区域;另一部分为 Victim 区域,这两区域的容量比例根据实际应用的访存行为动态调整,实现了一定的自适应性。为了介绍本书提出的自适应 Cache 的工作原理,首先需要介绍对基于共享末级 Cache 模型的瓷片多核架构的优化。由 2.3 节可知,对于共享末级 Cache 模型,每个 Cache 块按照组划分或者路划分又可以进一步分为 SNUCA 结构和 DNUCA 结构。根据 2.3 节的分析,由于 DNUCA 结构在 Cache 访问过程中具有较长的网络延时,尤其在 16 核或 64 核以上的多核架构实现中,Cache 的路数划分可能超过 64 路,数据块在不同路之间的查找、替换和迁移所带来的严重的网络延时大大削弱基于共享 Cache 模型所获得的性能和能效收益。因此,本书讨论的自适应共享末级 Cache 设计是基于 SNUCA 结构的共享 Cache 模型,即末级 Cache 块是按照组数管理和划分,每个 Tile 所包含的一部分物理 Cache 块只对应整个存储地址空间的一部分;反之,每个数据访问所对应的瓷片位置(或网络节点)可以根据地址唯一确定,因此 SNUCA 结构的网络负载明显低于 DNUCA 结构。此外,为了保证预取的有效性,每个 Cache 块对应的地址空间按照线性均匀划分,每个 Tile 内的 Cache 块只对应相同长度的一部分连续的存储地址空间。

然而,由于按照组划分的 SNUCA 结构的一个 Tile 内的 Cache 块对应一部分连续的存储地址空间,当多个线程频繁访问相同地址段的数据时,可能造成网络负载不均衡(Imbalance),即某些 Tile 的 Cache 块被访问的次数明显大于其他 Tile 的 Cache 块,造成网络热点(Hotspot)问题。

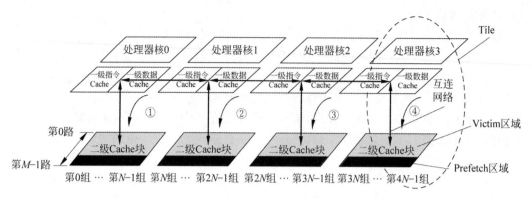

图 3.2 基于自适应共享末级 Cache 的 Tile 多核架构

为了缓解这一问题,将传统 SNUCA 结构进一步优化,在将地址空间按照线性均匀划分保证预取有效性的情况下,采用了粗粒度的地址交错映射机制,即通过把地址空间按照页(Page)的粒度进行划分,地址位和网络节点规模、页大小、数据块大小之间的对应关系如图 3.3 所示,其中网络节点规模、页大小、数据块大小均是按照 2 的指数幂表示的。例如,如果数据块大小为 64B 并且每一页对应 4KB 的存储空间,则图 3.3 所示的数据块大小应表示为 6b,页大小应表示为 12b−6b=6b。这样,整个存储空间可以划分为若干个页,然后以页为粒度,将不同页映射到不同的网络节点上 Tile 中的 Cache 块对应的组数,而在同一页内的地址具有连续性。如图 3.3 所示,假设瓷片多核架构中包含两个 Tile 并且整个存储空间可以划分为 8 页,那么存储页和 Cache 块中的组数可以按照如下方式对应:偶数页对应第一个 Cache 块,奇数页对应第二个 Cache 块,其中每一页内对应一段连续的存储空间,偶数页和奇数页对应的存储空间相互交错。这样当不同线程发起的存储访问对应同一类页时,例如图 3.3 中所有访问都是偶数页,那么这些数据访问会发送到同一个 Cache 块对应的网络节点,而当不同线程发起的存储访问对应不同类的页时,例如图 3.3 中所有访问分别对应偶数页和奇数页,则访问会按照偶数页和奇数页地址对应的网络节点而被分流,即一部分访

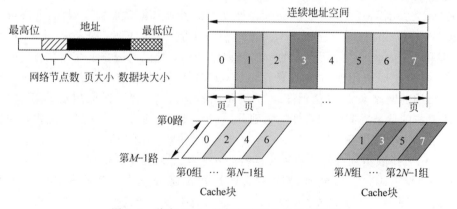

图 3.3 共享 Cache 的粗粒度的地址交错映射

问被发送到偶数页对应的网络节点,而另一部分访问被发送到奇数页对应的网络节点,从而有效缓解了网络热点问题。当然,为了保证设计的灵活性,地址映射方式和页粒度可以配置。此外,由于在一个页内对应的地址空间是连续的,其对应的 Cache 组数也是连续的,当进行下一行(或者几行)预取时,预取有效。

如图 3.4 所示,自适应 Cache 的硬件结构由两部分组成:一部分为 Prefetch 区域;另一部分为 Victim 区域。其中,Victim 区域主要是接收和保存上级 Cache 和处理器核所替换或者驱逐的数据块[19],由于当应用程序表现出的时间局部性较强时,这部分数据将来会再次被访问的概率较大,因此把这部分数据保留在 Victim 区域对应的 Cache 存储中可以减少它们下次被访问时的命中延时,从而 Victim 区域可以通过利用程序的时间局部性提升性能;而对应在 Prefetch 区域的数据访问如果发生缺失,则会在预取控制逻辑和预取引擎(Engine)的控制下自动发起预取下一行(Cache Line)或者几行的操作[20]。由于预取的数据具有地址连续性,当程序表现出较强空间局部性时,预取的连续地址的数据将来被访问的概率较大,因此可以利用预取来掩盖这一部分数据访存延时,从而 Prefetch 区域可以通过利用程序的空间局部性提升性能。

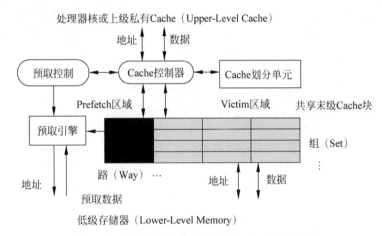

图 3.4　时空局部性感知的共享 Cache 硬件结构

但是,值得注意的是,如果当前数据访问对应的地址是某个存储页的边缘时,即该地址接近位于某存储页最后一个地址,那么实际预取的长度(或者 Cache 行数)应该相应调整。例如,如果该地址对应某一个存储页最后一个地址,则不需要预取;而如果该地址对应的数据块数量和存储页最后一个地址之间只包含 N 个数据块,那么该地址对应的预取长度不应该超过 N。这是因为根据本书的地址交错映射机制,当一个地址接近位于一个存储页底部边缘时,它的下一个或几个地址对应的数据块可能被映射到其他网络节点对应的 Cache 块中,所以下一行或者几行预取不仅不能提升性能,反而可能因为增加网络负载而降低性能。

为了实时捕捉运行应用在不同地址空间访存行为的时空局部性差异并加以利用,这两个区域的容量比例根据应用的访存行为在 Cache 划分算法(CPA)的控制下以路为单位进行粒度动态调整,即当 Victim 区域的缺失率大于 Prefetch 区域的缺失率时,当前应用在这一个 Cache 块对应的地址空间的数据访问呈现出较差的时间局部性,因此 CPA 控制自适应 Cache 压缩 Victim 区域的容量并将 Victim 的一路配置成 Prefetch 区域;而当 Victim 区域的缺失率小于 Prefetch 区域的缺失率时,当前应用对这个 Cache 块对应的地址空间的数据访问呈现出较差的空间局部性,则扩大 Victim 区域的容量并将 Prefetch 区域的一路配置成 Victim 区域。为了进一步优化缺失率,这两个区域均选择当前容量对应的 LRU 路进行配置。

如图 3.5 所示,本书设计的自适应 Cache 对缺失率的统计具有周期性,每一次两区域之间缺失率的比较是以本周期缺失率的统计为基准,保证了 CPA 对程序本阶段访存行为监控的时效性。和传统的直接预取的方案[20]相比,本设计把数据的预取仅限定在 Prefetch 区域,这可以高效地避免因未来被访问的数据块被预取的数据块所替换造成的 Cache 污染效应。由于 Cache 是按照组划分,每个 Cache 块对应一段地址空间,因此,CPA 对缺失率的统计结果实际上是该多核系统所有线程在这一段地址空间访问行为所造成命中或缺失情况的平均值。保证了自适应 Cache 对应用访存行为的时空局部性的预测具有全局性,可以实现对系统整体性能的优化。因为本设计中局部性的预测是基于 Cache 在两个区域中缺失率的差异,所以这种比较的硬件开销代价很小。例如,假设缺失率的统计周期为 N 个时钟周期,则 CPA 统计的时钟周期数只需要 $\log_2 N$-bit 的计数器,缺失率的比较可以由加/减法器完成。具体做法是,当发生一次 Victim 区域命中则加/减法器加 1;反之,如果发生一次 Prefetch

---

Cache 划分算法: Cache Partition Algorithm (CPA)

第 1 步: **设置** Prefetch 区域和 Victim 区域容量相同

       复位缺失率计数器;   //初始化阶段

第 2 步: **检查**当前周期是否需要执行划分

    IF(需要划分)**DO**

        IF(Victim 区域的缺失率大于 Prefetch 区域的缺失率)**DO**

            Victim 区域的容量减少 1 路;

            //压缩 Victim 区域的容量

            Prefetch 区域的容量增加 1 路;

            //将 Victim 的 LRU 路配置成 Prefetch 区域;

        ELSE IF(Prefetch 区域的缺失率大于 Victim 区域的缺失率)**DO**

            Victim 区域的容量增加 1 路;

            //扩大 Victim 区域的容量

            Prefetch 区域的容量减少 1 路;

            //将 Prefetch 区域的 LRU 路配置成 Victim 区域

        ELSE DO

            返回;//两个区域缺失率相当,不需要划分

    ELSE DO

        返回;//当前周期不需要执行划分

图 3.5 时空局部性感知的自适应 Cache 划分算法描述

区域命中则减 1,而不是像流缓存(Stream Buffer)设计那样通过存储一部分指令来追踪这些指令的访存行为[21]。为了保证一定的可配置性,CPA 比较缺失率的周期可以在系统初始化阶段进行配置。

3.3.2 自适应私有 Cache 架构

根据 2.3 节的分析,在基于 SNUCA 结构的共享 Cache 模型中,由于 Cache 是按照组划分,每个 Cache 块对应一段地址空间,因此,自适应 Cache 对缺失率的统计结果是监控整个多核系统中所有线程在某一段地址空间的访存行为,从而,基于自适应共享末级 Cache 划分无法监控每个处理器核上不同线程之间的时空局部性差异。另外,因为通常在多核系统中的大规模应用程序会被分解为若干线程,并且这些线程在实际运行过程中被分配不同的任务,因此线程彼此之间所表现出的时空局部性差异会更加明显。例如,对某雷达信号处理程序的任务划分结果可能是某些线程负责数据的加载和数据密集型任务,表现出较强的空间局部性;而另一些线程负责雷达图像数据的数学变换运算和控制密集型任务,表现出较强的时间局部性。因此,在自适应 Cache 设计中,如果能够监控和利用不同线程之间在访存行为上的差异性,则可以获得更大的优化空间。

为了保证自适应 Cache 能够监控每个处理器核上所运行线程的访存行为,即每个 Cache 块仅负责一个处理器核数据的缓存,这就需要设计基于私有末级 Cache 模型的多核架构。因此,基于自适应私有末级 Cache 模型的瓷片多核架构如图 3.6 所示。这里假设每个 Cache 块的容量可以按照 N 组 M 路组织,则每个处理器核对应的末级 Cache 的容量相同,且均为 $N \times M$ 个 Cache 行。自适应末级 Cache 也是将本地 Cache 块划分成两部分:一部分为 Prefetch 区域;另一部分为 Victim 区域,这两个区域的容量比例根据本地处理器核运行的线程的访存行为动态调整,实现了一定的自适应性。由于私有末级 Cache 只负责本地处理器核的数据缓存,因此本地处理器核与末级 Cache 之间数据块的传输可以通过同一个 Tile 内部的逻辑电路,而不需要将数据块按照地址映射到其他 Tile 对应的网络节点,减少了互连网络的通信负载。

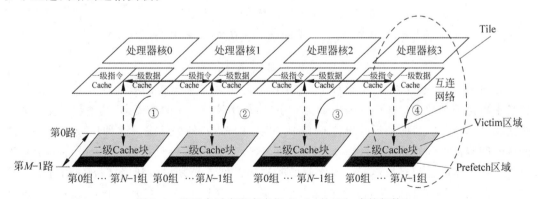

图 3.6 基于自适应私有末级 Cache 的 Tile 多核架构

如图 3.7 所示,自适应私有末级 Cache 的硬件结构和自适应共享末级 Cache 的硬件结构类似,也是由两部分组成:一部分为 Prefetch 区域;另一部分为 Victim 区域。但是,自适应私有末级 Cache 的 Victim 区域主要是接收和保存上级 Cache 和本地处理器核替换或者驱逐的数据块[19];而对应在 Prefetch 区域的数据访问如果发生缺失,则会在预取控制逻辑和预取引擎(Engine)的控制下自动发起预取下一行(Cache Line)或者几行的操作[20]。这两个区域的容量比例也在 Cache 划分算法(CPA)的控制下动态调整。和共享末级 Cache 模型中采用的地址交错机制不同的是,私有末级 Cache 中每个 Cache 块对应的地址空间不是按存储页的机制映射,因此预取地址的边界检查只需要在达到 Cache 块的容量边界时进行。另外,和共享末级 Cache 模型最大的不同在于每个私有末级 Cache 对应全部存储地址空间,不再将存储地址空间按照线性均匀划分并且分段管理,即每个 Cache 块都可以监控本地处理器核上运行线程的所有访存行为。因此,通过调整不同 Cache 块中 Prefetch 和 Victim 两个区域的容量比例,可以监控不同处理器核上线程之间的时空和空间局部性差异并加以利用获得优化空间。然而,由于私有数据对应的 Cache 存储空间大小可能发生变化,因此为了保持 Cache 一致性,在每个 Cache Entry 增加额外一位标记 Prefetch 区域或者 Victim 区域的标识位。

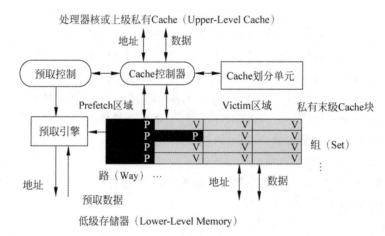

图 3.7 时空局部性感知的私有 Cache 硬件结构

$$归一化缺失率 = 缺失率/Cache\ 容量 \tag{3.1}$$

在自适应私有末级 Cache 设计中,为了提升时空局部性监控的有效性,CPA 的缺失率比较不再是简单地比较命中或缺失数值大小,而是比较归一化的缺失率,其中归一化缺失率按照式(3.1)定义,目的是反映单位 Cache 容量上的命中/缺失情况。这种比较使得线程之间的时间局部性和空间局部性差异反映更加客观、公平,从而使得自适应 Cache 的划分更加有效。为了实时捕捉运行不同线程之间的时空局部性差异并加以利用,Cache 划分同样是在 CPA 的控制下以路为粒度动态调整,即当 Victim 区域的缺失率大于 Prefetch 区域的缺失率时,当前处理器核上运行线程的数据访问呈现出较差的时间局部性,因此 CPA 控制自适应 Cache 压缩 Victim 区域的容量并将 Victim 的一路配置成 Prefetch 区域；而当 Victim 区域的缺失率小于 Prefetch 区域的缺失率时，当前处理器核上运行线程的数据访问呈现出较差的空间局部性，则扩大 Victim 区域的容量并将 Prefetch 区域的一路配置成 Victim 区域。同样，这两个区域均选择当前容量中对应的 LRU 路进行配置。和共享 Cache 类似，私有 Cache 划分也是周期性进行，每一次两个区域之间缺失率比较是以本周期缺失率的统计为基准，保证了 CPA 对程序在本时间阶段访存行为监控的时效性。为了保证一定的可配置性，周期可以在系统初始化阶段进行配置。

Cache 划分算法：Cache Partition Algorithm（CPA）

第 1 步：设置 Prefetch 区域和 Victim 区域容量相同。
　　　　复位缺失率计数器；　　　　　　　　//初始化阶段
第 2 步：检查当前周期是否需要执行划分；
　　IF（需要划分）**DO**
　　　IF（Victim 区域的归一化缺失率和 Prefetch 区域的归一化缺失率之差大于阈值）**DO**
　　　　　Victim 区域的容量减少 1 路；
　　　　　//压缩 Victim 区域的容量
　　　　　Prefetch 区域的容量增加 1 路；
　　　　　//将 Victim 的 LRU 路配置成 Prefetch 区域；
　　　ELSE IF（Prefetch 区域的归一化缺失率和 Victim 区域的归一化缺失率之差大于阈值）**DO**
　　　　　Victim 区域的容量增加 1 路；
　　　　　//扩大 Victim 区域的容量
　　　　　Prefetch 区域的容量减少 1 路；
　　　　　//将 Prefetch 区域的 LRU 路配置成 Victim 区域
　　　ELSE DO
　　　　　返回；//两个区域缺失率相当，不需要划分
　　ELSE DO
　　　　返回；//当前周期不需要执行划分

此外，由于 Cache 的每次划分可能导致这两个部分进行重新配置产生一定开销，在 CPA 的缺失率比较不再是直接比较，而是引入了阈值（Threshold）判断。阈值的选择不能过大也不能过小。如果阈值过小，即当两区域之间的缺失率差异并不明显时也会执行 Cache 划分，那么 Cache 的划分可能非常频繁，不但不能明显提升性能，还会带来每次两区域之间重配置的开销；相反，如果阈值过大，则可能走向另一种极端状况，即 CPA 对运行任务的时空局部性差异的监控不敏感，即使两个区域的缺失率产生较大差异也不会触发一次 Cache 划分，从而降低了 Cache 的自适应性，不能有效捕捉到运行任务不同线程之间的时空局部性变化的特点。同样为了保证本设计具有一定的可配置性，阈值也可以在系统初始化阶段进行配置。

3.4　互连网络与 Cache 协同设计

3.4.1　片上网络延时优化设计

自适应 Cache 将末级 Cache 块划分成 Victim 和 Prefetch 两个区域,而对应在 Prefetch 区域的数据访问会触发预取控制逻辑和预取引擎发起预取操作,并且预取数据带来的网络通信负载大于普通一致性消息传输的通信负载。因此,为了解决自适应 Cache 发起预取带来的网络负载不均衡的问题并保证最大化发挥自适应 Cache 的优势,需要设计一种高效的预取机制以配合本书提出的自适应 Cache 提高性能。由于目标架构是典型的瓷片多核架构,瓷片之间的互连通信采用的是片上网络。因此,采用了片上网络与自适应 Cache 的协同设计方案,设计一种定制化的片上网络以实现高效的快速预取机制。

具体来看,片上网络需要满足预取数据包传输尽可能快,并且不被中断,否则可能会影响整体性能。例如,如果因为预取包的网络延时较大或者被其他数据包传输中断,那么预取数据包到达目的节点的时间不够及时,可能错过预取数据被访问的可能性,那么这一次预取不但没有提高 Prefetch 区域的命中率,还会因为这次无效的预取操作而增加额外的网络拥塞,从而影响整体性能。由于预取数据通常包含多个 Cache 行,预取数据包的长度明显大于普通一致性协议消息的长度。又因为本书设计的预取机制是对连续地址(或 Cache 行)数据的预取,因此,为了减少预取包所带来的网络负载不均衡,首先可以优化发出预取请求的数据包数量。如图 3.8 所示,一个预取请求包通常包含了预取基地址、预取长度和目的节点等信息。当目的节点接收到该预取请求时,网络接口根据基地址和预取长度可以自动组装一个较长的预取包,并以突发(Burst)的形式实现快速传输。

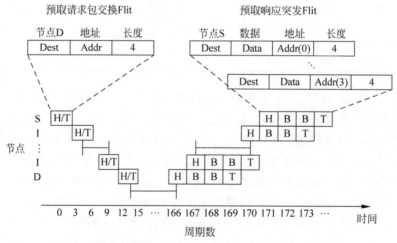

图 3.8　数据预取时空图(H、B、T 分别指 Head、Body 和 Tail Flit)

另一方面,如果结合自适应 Cache 的局部性监控功能特性,当程序表现出较强的空间局部性时,为了尽可能利用较强空间局部性所带来的性能优化空间,不难推断,应该更加需要保证预取数据包的传输尽可能快速并且不被中断,即应该将预取操作的开销降到最低,把预取效率提高到最大。为了证明这一观点的合理性,这里假设预取长度为 N,并且进一步假设预取数据块被命中的概率均为 p,当然 p 值为 $0\sim1$。在忽略网络拥塞延时的情况下,可以对采用连续 N 个单独的数据访问的网络延时进行建模并表示为 D_{Single} 如式(3.2)所示,而通过预取机制完成这 N 个数据访问的网络延时为 D_{Prefetch} 如式(3.3)所示。

$$D_{\mathrm{Single}} = 2N \cdot \underbrace{(T_r \cdot H + T_w \cdot H + L/b)}_{T_{\mathrm{Single}}} \tag{3.2}$$

$$\begin{aligned} D_{\mathrm{Prefetch}} &= 2 \cdot T_{\mathrm{Single}} + (N-1) \cdot L/b + 2(1-p) \cdot (N-1)T_{\mathrm{Single}} \\ &= \underbrace{2N \cdot T_{\mathrm{Single}}}_{D_{\mathrm{Single}}} - (N-1) \cdot (2p \cdot T_{\mathrm{Single}} - L/b) \end{aligned} \tag{3.3}$$

其中,T_r 是路由器的流水线延时(Pipeline Delay),T_w 是相邻路由器之间的线延时(Wire Delay),H 是网络的距离或跳数(Hops),L/b 是 Body 和 Tail Flits 的串行化延时(Serialization Delay),即一个长度为 L 的数据包通过一个宽度为 b 的 Body 的延时。

为了提高预取机制的效率,需要保证 $D_{\mathrm{Single}} \ll D_{\mathrm{Prefetch}}$ 的条件,从而可以推导出 $p \gg L/(2bT_{\mathrm{Single}})$ 的前提,这意味着预取包的命中概率是优化数据传输延时的关键。高命中概率可以减少网络中因无效的数据预取带来了网络负载,从而减少网络拥塞和延时,这也进一步证明了自适应 Cache 对程序局部性的监控和预测是保证预取效率的关键。因此,采用片上网络与自适应 Cache 的协同设计可得到更大的性能提升空间。

Tile 多核架构中的互连网络还包含一致性协议消息传输等其他类型的通信负载,因此,片上网络还应该尽可能保证其他类型通信负载的网络延时不受预取包注入的影响。片上网络的优化指标一般包括三个方面,即吞吐率(Throughput)、网络延时(Latency)以及容错(Fault Tolerance)。其中,容错超出了本书的讨论范围,而吞吐率是指在特定的网络负载模式下在网络中所完成传输(Deliver)的包(Packet)的比例,是通过计算在一段时间间隔内,在该网络负载模式下从源节点到目的节点之间所完成传输的包的数量及其所占比例得到。显然,吞吐率是在一定网络注入模式下对网络所能完成传输包数量能力的衡量,该指标一般在网络负载对延时不敏感并且注入量大的情况下作为重要参考。而根据前文分析,预取包或者其他一致性协议消息等均对网络延时较为敏感,并且预取包的注入率也相对较小(平均小于 10%,后面小节详细讨论),因此本章主要讨论片上网络的延时优化。

3.4.2 片上网络与自适应 Cache 的协同设计

为了最大化发挥自适应 Cache 的优势,需要设计一种定制化的片上网络以实现高效的预取机制,即该片上网络需要满足预取数据包传输尽可能快,并且不被中断。因此,提出了一种混合快速突发支持的片上网络(Hybrid Burst-Support NoC,HBNoC)。和混合电路/包交换机制类似的是,HBNoC 也是将网络消息进行分类,一类是普通数据包,另一类是快速预取数据包。普通数据包的传输通过包交换的机制进行,而快速预取数据包的传输是通过建立快速预取路径进行。

HBNoC 的路由器微体系结构如图 3.9 所示。每个输入端口设置一个 n 域(n-Field)的虚通道状态寄存器,该寄存器根据所存的值分别指示对应的虚通道的 4 种状态:可用的(00:Available)、填满(01:Full)、突发(10:Burst)以及阻止(11:Stall)。一旦某端口对应的虚通道设置为突发状态,那么该端口的其他虚通道被设置为阻止状态。在上级路由器进行虚通道分配计算时,如果发现下级路由器的对应的虚通道全部指示为阻止状态,那么上级路由器中相应数据包的虚通道分配失败,进入等待状态,从而保证了上级路由器的数据包继续存在上级路由器的输入缓存之中而不会传输到下级路由器。这样就实现了该端口被相应的突发数据包独占,保证突发包快速通过当前路由器。n 域虚通道状态寄存器的信息可以利用基于 Credit 的流控机制在 Credit 中增设两比特的信息位回传到上级路由器,硬件开销代价较小。为了保证预取包的快速传输,突发包的 Head Flit 在进行虚通道分配和交叉开关分配时具有较高的优先级,并且一旦 Head Flit 的虚通道和交叉开关分配成功,相应的虚通道和交叉开关保留至直到该突发包的 Tail Flit 通过该路由器为止。因此,突发包的 Body Flit 和 Tail Flit 通过一个路由器时不需要再经过交叉开关分配,减少了延时。由于突发包之间具有相同的优先级,如果多个突发包同时竞争相同的虚通道或交叉开关,约定了一个轮转(Round-Robin)的仲裁机制。

为了保证突发包的快速传输,除了在虚通道分配和交叉开关分配设置较高的优先级以外,还对输入缓存的管理机制做了优化。首先需要指出的是,对于静态缓存管理机制,如果一个突发包进入输入端口的一个虚通道,那么其他虚通道被设置为阻止状态,根据突发包对输入端口的独占性,其他数据包不再进入该输入端口的其他虚通道对应的缓存,从而浪费一部分输入缓存资源。一种严重情况是,如果突发包较长,按照静态缓存管理机制,一个虚通道对应的缓存大小固定,那么该突发包不可能被完全缓存在一个路由器的输入缓存之中,甚至可能分布在多个路由器的输入缓存以至于占据多条物理链路。这样,独占的物理链路会增加网络拥塞,从而增大网络延时。因此,采用优先化的动态缓存管理机制保证了输入端口的不同虚通道的输入缓存资源是按需分配(On Demand)的,并且输入缓存的物理资源可以动态共享。例如,当一个突发包存入对应的虚通道时,如果其他虚通道对应的输入缓存有空闲资源,那么该突发包也会存在其他虚通道对应的输入缓存之中。这就保证了,每个输入端口对应的输入缓存可以尽可能多地存储一个突发包,不仅提高了输入缓存的利用率,还减少了突发包可能分布的其他物理链路数量,从而缓解了因突发包独占物理链路带来的网络拥塞。动态缓存的实现可有多种方案,一种典型的做法是给每个虚通道分配一个硬件队列(Queue),每个队列在输入缓存中维持一个头指针和尾指针(Head and Tail Pointers),通过维护每个 Flit 在该队列头或尾的删除或者增加实现输入缓存的动态管理。基于硬件链表(Linked-List Based)的设计方案设置一个单独的链表寄存器追踪和记录每个缓存 Entry 的使用率状态,当一个 Flit 到达输入缓存时,可以根据链表寄存器中每个队列的缓存使用率实现输入缓存的按需分配。

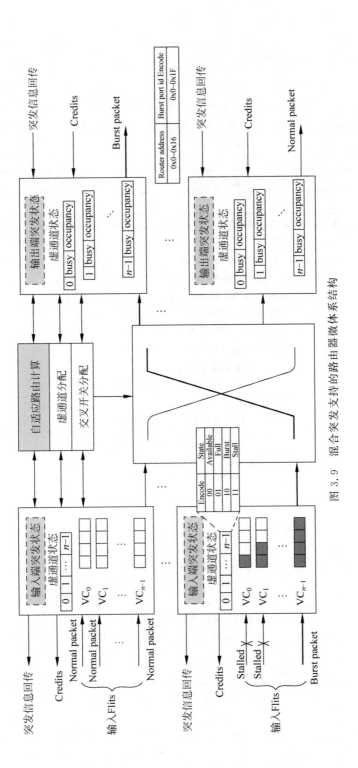

图 3.9 混合突发支持的路由器微体系结构

由于突发包在虚通道和交叉开关分配具有较高优先级，并且交叉开关会保留至突发包完全通过一个路由器。因此，突发包对网络物理链路的独占可能导致网络负载的不均衡（Imbalance）。虽然动态缓存管理机制通过尽可能地把突发包的所有 Flit 存入更少量路由器的输入缓存之中，实现了在一定程度上缓解网络负载的不均衡，但是通常突发包较长，依然可能分布并独占多个物理链路。为进一步解决这个问题，在此提出了一种突发感知的自适应路由算法（Adaptive Burst-Aware Routing Algorithm，ABAR）。ABAR 的算法流程如图 3.10 所示。

自适应突发感知路由: Adaptive Burst-Aware Routing (ABAR)

输入:（输入端口，路由器 ID，目的节点，突发状态，Buffer 利用率）
  //输入参数
输出: 输出端口 //如果输出端口失败，路由计算重新启动
  Outport$_{xy}$:= DOR_XY(输入端口，路由器 ID，目的节点)
  Outport$_{yx}$:= DOR_YX(输入端口，路由器 ID，目的节点)
  //分别利用 XY/YX 维序路由算法计算两个候选端口
  IF（Outport$_{xy}$ 的突发状态 == Yes）DO
   IF（Outport$_{yx}$ 的突发状态 == Yes）DO
    返回 输出端口 = False；
    //候选端口均处于突发状态，当前路由计算失败
   ELSE DO
    返回 输出端口 = Outport$_{yx}$；
    //返回未处于突发状态的 Outport$_{yx}$ 端口
   END IF
  ELSE IF（Outport$_{yx}$ 的突发状态 == Yes）DO
    返回 输出端口 = Outport$_{xy}$；
    //返回未处于突发状态的 Outport$_{xy}$ 端口
  ELSE DO
   IF（Buffer 利用率（Outport$_{xy}$）≤ Buffer 利用率（Outport$_{yx}$））
    返回 输出端口 = Outport$_{xy}$；
    //返回 Buffer 利用率较少的 Outport$_{xy}$ 端口
   ELSE DO
    返回 输出端口 = Outport$_{yx}$；
    //返回 Buffer 利用率较少的 Outport$_{yx}$ 端口
   END IF
  END IF

图 3.10 自适应突发感知路由算法

由于 ABAR 在进行路由选择时需要参考下级路由器输入端口的突发状态情况，因此，引入了把突发引起的网络拥塞信息回传到上级路由器的流控机制，如图 3.9 所示。在每个

路由器的输入和输出端口设置一个突发状态寄存器,输入端口的突发状态寄存器的状态值可以直接通过输入端口的 n 域虚通道状态寄存器分析并通过简单逻辑运算直接得到。输出端口的突发状态寄存器是用来接收下级路由器输入端口的突发状态的回传,记录和监控该输出端口对应的下级路由器输入端口的突发状态。上级路由器根据下级路由器端口的突发状态做路由计算,选择合适的输出端口,从而实现对突发信息的感知。具体做法是,在一个数据包的 Head Flit 进入路由器的路由计算级(RC)时,首先根据 XY 和 YX 维序路由算法分别计算出两个可能的候选输出端口。选择 XY 和 YX 维序路由算法是因为这两种路由算法具有较低的硬件开销,并且死锁避免机制相对简单。根据候选输出端口对应的下级路由器状态选择下级路由器未处于突发状态的候选输出端口作为最终输出端口;如果两个候选输出端口对应的下级路由器均未处于突发状态,则选择所对应的下级路由器输入缓存利用率相对较少的候选输出端口作为最终输出端口。当然,如果当前候选输出端口对应的下级路由器均处于突发状态,根据突发包对物理链路的独占性,当前路由计算失败,启动下一次计算,直到两个候选端口中至少有一个端口对应的下级路由器未处于突发状态为止。另外,下级路由器输入缓存利用率可以直接通过 Credit 数量值确定。

为了进一步介绍 ABAR 的优越性,图 3.11 给出了分别基于普通包交换、混合电路/包交换和 HBNoC 的数据预取示例。其中,①表示分别采用普通包交换、电路开关和混合快速突发传输完成长度为 4 的数据预取传输。②、③、④表示普通的数据包的数据传输。⑤表示网络拥塞被 ABAR 避免的示例。由图 3.11(a)可知,和普通包交换的片上网络相比,HBNoC 的优势在于数据的预取只需要发起一次预取请求,而不是在源节点和目的节点之间频繁发起数据预取和应答的数据包。根据式(3.2)和式(3.3),HBNoC 明显减少网络注入率,从而优化网络延时。

和电路交换的片上网络相比,对单个电路交换传输而言,电路交换不需要将 Flit 存入缓存,而是直接旁路相应的路由器流水线级数,因此,单个电路交换传输的延时更低。然而,正因为电路交换的 Flit 不会存入任何路由器的输入缓存,因此电路交换路径需要提前建立,并且直到电路交换的数据包传输完毕才能撤销,这就需要额外的电路建立数据包的注入。

为了克服电路建立数据包对网络延时的影响,一种典型的做法是采用两个分离的物理网络层分别负责电路建立消息传输和电路传输,但这增加硬件开销。电路交换的另一个缺点是,为了保证电路交换的高效性,一个电路交换的路径所占据的物理链路较长,一般从源节点到目的节点的整条路径的物理链路被独占。因此在一个电路交换未完成传输之前,它所占据的路径越长对其他可能和该数据包共享物理链路的数据包的传输影响越严重,从而增加网络的平均延时。为了克服电路交换占据较长物理链路的问题,HBNoC 采取折中措施,即保留数据包可以存入输入缓存,且只旁路部分路由器流水线级数。因此,HBNoC 中的突发包独占的物理链路只限制在一个包的长度范围内,同时加入动态缓存管理机制进一步减少突发包可能分布的物理链路数量,从而减少因突发引起的网络拥塞。如图 3.11(c)所示,得益于 ABAR,数据包可以在一定程度上回避具有突发状态的路径,从而选择较低拥塞程度的网络路径到达目的节点,可以进一步减少网络拥塞和延时。

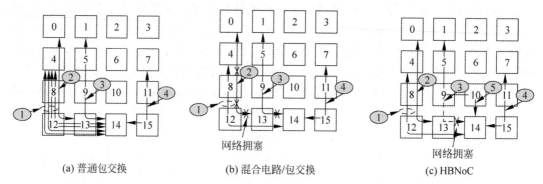

(a) 普通包交换　　　　　(b) 混合电路/包交换　　　　　(c) HBNoC

图 3.11　一个基于 4×4 二维网格 NoC 的数据访问示例

由于动态缓存可能造成多个数据包之间的循环依赖,从而形成死锁,因此需要采用一定的措施避免死锁。为了解释动态缓存可能造成的死锁,图 3.12 给出了一个具有死锁配置的图形化示例。为了简化,这里假设输入缓存的容量是两个虚通道,并且可以存入两个 Flit。如图 3.12 所示,数据包 A 和 B 的两个 Flit 首先从上级路由器(Upper)传输到下级路由器(Lower),并且分别存入了下级路由器的北部输入端口的输入缓存。接着,由于采用了动态缓存管理机制,两个突发包 C 和 D 分别把上级路由器的西部和东部输入端口的输入缓存全部填充占据。因此,数据包 A 和 B 剩下的 Flit 将会被阻止进入上级路由器相应输入端口的输入缓存。与此同时,数据包 C 和 D 也不能通过上级路由器,因为下级路由器输入端口的输入缓存分别被数据包 A 和 B 之前通过的 Flit 占据,除非数据包 A 和 B 能够通过该路由器并释放所占据的相应缓存资源。在这种情况下,数据包 A 和 B 与 C 和 D 之间形成了循环依赖的关系,导致了死锁。为了区分因自适应路由算法造成的死锁,这类死锁被称为交错式死锁(Interleaving Deadlock)。为了避免交错式死锁,可以给每个虚通道预留一个缓存空间(Buffer Slot)[22],保证每个数据包的每个 Flit 至少拥有一个缓存空间能够保持和前一个 Flit 之间的连续性(Catch Up to the Respective Predecessor Flits)。此外,由于突发包在虚通道分配和交叉开关分配具有较高优先级,因此还可能导致"饿死"现象,即较高优先级的数据包总是抢占较低优先级数据包通过路由器的机会,从而导致较低优先级的数据包无法通过路由器,或者通过路由器的延时相当长。为了避免因优先化管理导致的"饿死"现象,HBNoC 把数据包的优先级按照"年龄(Age)"进行管理,即数据包注入片上网络中的时间越长则其优先级越高。具体做法是设置时间阈值(例如 200 个时钟周期),突发包的优先级为 1,而普通包的优先级为 0,且突发包更高优先级。如果普通包注入片上网络中的时间超过这个阈值,则普通包的优先级被调整为 1,和突发包具有相同优先级,采用轮转机制和突发包竞争虚通道分配和交叉开关分配的可能性。因此,这样就保证了每个数据包都有通过一个路由器的可能性,从而避免了动态缓存管理导致的交错式死锁。

除了交错式死锁,路由算法的死锁避免通常也是片上网络的设计难点之一。由于本书设计的 HBNoC 采用了自适应路由算法,因此也需要讨论路由算法的死锁避免机制。根据

Duato 的理论[23-24]，路由算法可以由两个功能性函数建模，即路由函数（Routing Function）和选择函数（Select Function）。其中，路由函数是根据当前节点和目的节点的位置信息按照一定的规则计算出可能的输出端口集（A Set of Output Channels）；选择函数则是根据当前节点的输出端口状态按照一定规则选择一个合适的输出端口。当然，前提是存在可供选择的输出端口。如果所有的输出端口均不符合选择条件，则当前路由计算失败，并启动下一次路由计算直到存在可供选择的输出端口为止。Duato 的理论还指出，路由算法是否能够避免死锁完全是由该路由算法的路由函数决定，而选择函数只决定该路由算法的性能。因此，根据这一理论，ABAR 的路由函数是 XY 和 YX 维序路由，而选择函数是根据下级路由器的突发状态和输入缓存利用率进行判断。又根据 XY 和 YX 维序路由死锁避免理论[25][26]，可以通过给每个消息分类保留至少两个虚通道实现 ABAR 的死锁避免。例如，多核系统涉及的消息分类包括 Cache 请求/响应、目录请求/响应、Cache 转发、目录转发以及存储请求和响应等。因此，给每个消息分类至少分配两个虚通道即可实现自适应路由算法的死锁避免。

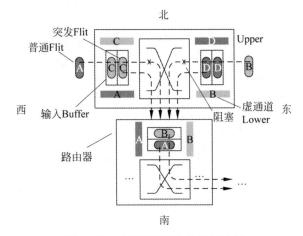

图 3.12 动态缓存导致的死锁示例

3.5 小结

本章主要介绍了众核处理器存储优化技术。首先介绍了存储层次结构和优化目标，给 Cache 设计与优化指明了方向。针对瓷片众核处理器架构，综述了现有的 Cache 优化设计技术，概括出现有自适应 Cache 设计的分类以及各自的特点和不足。本章系统介绍了时空局部性感知的自适应 Cache 设计，自适应 Cache 将每个 Cache 块划分成两个部分，一部分为 Prefetch 区域，另一部分为 Victim 区域。这两个区域的容量比例也在 Cache 划分算法的控制下动态调整，实现了对应用程序实际时间局部性和空间局部性的动态监控。并且分别讨论了基于共享末级 Cache 模型和基于私有末级 Cache 模型的两种自适应 Cache 结构。本章还介绍了互连网络和 Cache 的协同设计方法，提出了混合快速突发支持的片上网络，具体包括优先化动态缓存管理机制、自适应突发感知路由算法以及相应的死锁和饿死现象避免机制等。自适应 Cache 和片上网络的协同设计可以明显提升 Tile 众核处理器的存储访问效率。

参考文献

[1] Liu C，Sivasubramaniam A，Kandemir M. Organizing the Last Line of Defense Before Hitting the Memory Wall for CMPs[C]//Proceedings of the IEEE International Symposium on High Performance Computer Architecture (HPCA)，Madrid，Spain，2004：1530-0897.

[2] Beckmann N，Sanchez D. Talus：A Simple Way to Remove Cliffs in Cache Performance[C]//Proceedings of the IEEE International Symposium on High Performance Computer Architecture (HPCA)，Burlingame，CA，USA，2015：64-75.

[3] Beckmann N，Sanchez D. Modeling Cache Performance Beyond LRU[C]//Proceedings of the IEEE International Symposium on High Performance Computer Architecture (HPCA)，Barcelona，Spain，2016：225-236.

[4] Tsai P，Beckmann N，Sanchez D. Nexus：A New Approach to Replication in Distributed Shared Caches[C]//Proceedings of the International Conference on Parallel Architectures and Compilation Techniques (PACT)，Portland，OR，USA，2017：166-179.

[5] Ahn J，Dally W，et al. Evaluating the Imagine Stream Architecture[C]//Proceedings of the International Symposium on Computer Architecture (ISCA)，Munich，Germany，2004：14-25.

[6] Khailany B，Williams T，et al. A Programmable 512 GOPS Stream Processor for Signal，Image，and Video Processing[C]//Proceedings of the IEEE International Solid-State Circuits Conference-Digest of Technical Papers，San Francisco，CA，USA，2007：272-602.

[7] Jin Y，Kim E，Yum K. Design and Analysis of On-chip Networks for Large-scale Cache Systems[J]. IEEE Transactions on Computers，2010，59(3)：332-344.

[8] Arora A，Harne M，et al. FP-NUCA：A Fast NoC Layer for Implementing Large NUCA Caches[J]. IEEE Transactions on Parallel and Distributed Systems，2015，26(9)：2465-2478.

[9] Beckmann B，Wood D. Managing Wire Delay in Large Chip-Multiprocessor Caches[C]//Proceedings of the IEEE/ACM International Symposium on Microarchitecture (MICRO)，Portland，Oregon，USA，2004：319-330.

[10] Muralimanohar N，Balasubramonian R，et al. Optimizing NUCA Organizations and Wiring Alternatives for Large Caches with CACTI 6. 0//Proceedings of the IEEE/ACM International Symposium on Microarchitecture (MICRO)，Chicago，Illinois，USA，2007：3-14.

[11] Huh J，Kim C，et al. A NUCA Substrate for Flexible CMP Cache Sharing[J]. IEEE Transactions on Parallel and Distributed Systems，2007，18(8)：1028-1040.

[12] Lee H，Cho S，Childers B. CloudCache：Expanding and Shrinking Private Caches[C]//Proceedings of the IEEE International Symposium on High Performance Computer Architecture (HPCA)，San Antonio，TX，USA，2011：219-230.

[13] Herrero E，Gonz'alez J，Canal R. Elastic Cooperative Caching：An Autonomous Dynamically Adaptive Memory Hierarchy for Chip Multiprocessors [C]//Proceedings of the International

Symposium on Computer Architecture (ISCA), Saint-Malo, France, 2010: 419-428.

[14] Zhang M, Asanovic K. Victim Replication: Maximizing Capacity While Hiding Wire Delay in Tiled Chip Multiprocessors[C]//Proceedings of the International Symposium on Computer Architecture (ISCA), Madison, WI, USA, 2005: 336-345.

[15] Li Y, Melhem R, Jones A. Practically Private: Enabling High Performance CMPs Through Compiler-assisted Data Classification[C]//Proceedings of the International Conference on Parallel Architectures and Compilation Techniques (PACT), Minneapolis, MN, USA, 2012: 231-240.

[16] Li Y, Abousamra A, et al. Compiler-assisted Data Distribution and Network Configuration for Chip Multiprocessors[J]. IEEE Transactions on Parallel and Distributed Systems, 2012, 23 (11): 2058-2066.

[17] Srikantaiah S, Kultursay E, et al. MorphCache: A Reconfigurable Adaptive Multi-Level Cache Hierarchy[C]//Proceedings of the IEEE International Symposium on High Performance Computer Architecture (HPCA), San Antonio, TX, USA, 2011: 231-242.

[18] Zhao H, Jang O, et al. A Hybrid NoC Design for Cache Coherence Optimization for Chip Multiprocessors[C]//Proceedings of the Design Automation Conference (DAC), San Francisco, CA, USA, 2012: 834-842.

[19] Jouppi N. Improving Direct-mapped Cache Performance by the Addition of a Small Fully-associative Cache and Prefetch Buffers [C]//Proceedings of the International Symposium on Computer Architecture (ISCA), Seattle, WA, USA, 1990: 364-373.

[20] Panda B, Balachandran S. Expert Prefetch Prediction: An Expert Predicting the Usefulness of Hardware Prefetchers[J]. IEEE Computer Architecture Letters, 2016, 15(1): 13-16.

[21] Brunheroto J, Salapura V, et al. Data Cache Prefetching Design Space Exploration for BlueGene/L Supercomputer[C]//Proceedings of the IEEE Symposium on Computer Architecture and High Performance Computing, Rio de Janeiro, RJ, Brazil, 2005: 201-208.

[22] Kumar A, Peh L, et al. Express Virtual Channels: Towards the Ideal Interconnection Fabric[C]// Proceedings of the International Symposium on Computer Architecture (ISCA), San Diego, CA, USA, 2007, 150-161.

[23] Duato J. A New Theory of Deadlock-free Adaptive Routing in Wormhole Networks[J]. IEEE Transactions on Parallel and Distributed Systems, 1993, 4(12): 1320-1331.

[24] Duato J. A Necessary and Sufficient Condition for Deadlock-free Adaptive Routing in Wormhole Networks[J]. IEEE Transactions on Parallel and Distributed Systems, 1995, 6(10): 1055-1067.

[25] Bakhoda A, Kim J, Aamodt T. Throughput-effective On-chip Networks for Manycore Accelerators [C]//Proceedings of the IEEE/ACM International Symposium on Microarchitecture (MICRO), Atlanta, GA, USA, 2010: 421-432.

[26] Manevich R, Cidon I, et al. A Cost Effective Centralized Adaptive Routing for Networks-on-Chip [C]//Proceedings of the Euromicro Conference on Digital System Design (DSD), Oulu, Finland, 2011: 39-46.

第 4 章

处理器核运算资源优化

4.1 流处理器

近年来,图像处理、视频编解码等多媒体应用在移动设备中逐渐普及。这类应用通常具有大量的数据、高性能和并行度要求。在其驱动下,流处理器得到了广泛的研究,其中以学术界的流处理架构和工业界的数字信号处理器为代表。例如,学术界有 Imagine[1]、Merrimac[2]、VIRAM、RAW[3]、TILE、SCORE,工业界有 CELL[4]、Storm 系列处理器,NVDIA 和 AMD[5] 的高性能 GPU 等。Imagine 处理器是斯坦福大学 W. J. Dally 教授带领团队研发的流体系结构原型芯片。Imagine 处理器包含流处理部分和核心程序处理部分。其中,流处理部分包含流控制器、流存储系统和流寄存器文件;核心程序处理部分包含一个微控制器和 8 个计算簇;另外还包含与主处理器的接口和网络接口。其中,8 个计算簇以 SIMD 方式工作,共包括 48 个浮点运算单元。Imagine 处理器实现了多级并行以提升性能和并行度,包括计算簇之间的数据级并行、计算簇内部 VLIW 结构的指令并行性、以及流处理与核心程序处理的并行。此外,在存储方面,该处理器采用层次化的存储机制来扩展带宽,减少对片外存储的访问,并一定程度上避免了长连线的延迟问题。

每个流处理核是一个典型 VLIW 架构的处理器[1]。如图 4.1(a)所示,该处理核主要包含了一个网络接口、一个微控制器、一个片上流存储器和多个计算簇,以 SIMD 机制运行。网络接口负责路由器与片上流存储器之间的数据接收和发送。微控制器负责控制数据流的传输和核心的计算。片上流存储器是软件控制的,负责数据流的存储。计算簇采用 VLIW 结构,它主要包含了一个本地寄存器堆和多个运算单元(2 个乘法器、3 个加法器和 1 个除法器)。目标 VLIW 流架构的微控制器每个时钟周期广播一个静态编译的 VLIW 到所有计算簇中,控制所有运算单元的运行。流处理核由层次化的存储组成,包含一个流存储器和多个本地寄存器。片上流存储器通过 8 个流缓冲器和每个计算簇相连,使得该流处理核能同时支持最多 8 个输入输出流。

这类流处理器核的关键模块包括一个流控制器、一个流寄存器文件、一个微控制器、一个网络接口、4 个计算簇和一个流存储系统组成。该流体系结构将系统分为流的组织存取和流的计算两个部分。其中,流的存取部分通过流控制器保证流指令的正确流出,并进行流指令的译码;流寄存器文件用于存储核心程序所需的输入输出流;流存储系统则负责片外SDRAM 和片上流寄存器文件之间的数据传输。流的计算部分结构如图 4.1(b)所示,其中,微控制器用于控制核级指令的存储、译码和控制;计算簇负责译码后的核心程序执行,其中每个计算簇为 VLIW 结构,包含了 3 个加法器、两个乘法器和一个除法器。

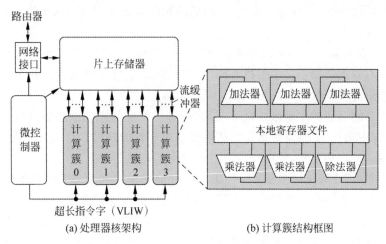

图 4.1 VLIW 架构处理器核示意图

由本地的寄存器文件连接各功能单元并提供数据,该结构将流级与核级分开管理,解耦合了流数据的存取和核心指令的执行,使得在进行数据计算的时候可以加载新的数据流,加速了处理。在存储方面,采用了层次化的存储方式,由本地的分布式寄存器文件、全局流寄存器文件和外部 SDRAM 3 个部分共同组成。计算所需的数据存放在运算簇内部,以保证频繁快速的存取;核心程序之间的中间流数据存放在片上流寄存器文件中,减少外存的访问。通过这样的方式,有效组织和利用了片内存储和数据带宽,减少了片外存储器的访问,从而减小了访存的延时。因此,VLIW 处理器核能集成很多运算单元来处理计算密集型应用,而不会像超标量处理器[6-7]那样带来复杂的硬件开销。然而,VLIW 流架构的运算单元利用率依赖于编译器开发。流编程模型虽然很好地暴露核心之间的任务级并行,但是每个核心模块需要程序员花大量精力来获取流应用中的计算密集部分。鉴于单个核心中并行操作的缺乏,VLIW 流架构的运算单元利用率通常会很低。虽然,核心级软件流水[8]能提高单个核心的操作并行度,但是它们仍不能充分开发 VLIW 流架构中丰富的运算单元。

4.2 流程序的核心映射和调度

自从流处理器被提出以来,流程序的核心映射和调度一直是一个挑战。特别是多核架构下的核心映射和调度,国际上已经涌现出了大量的方法和高水平论文。Lee[9-10]等发表了两篇论文讨论流程序在并行多处理器上的静态和动态流任务调度研究。在静态调度方面,他们建立了多核处理器的流任务调度理论基础,并且设计了多个静态调度算法。在动态调度方面,他们建立了动态流任务调度的编译框架,优化了调度长度,降低了流程序的执行时间。Gummaraju[11]针对通用多核 CPU,设计了一种新的方法来将流程序映射到多核 CPU 中,从而有效地提高资源利用率。Liao[12]为 Brook 流编程语言设计了并行编译器,首先他们采用不等式来为 15 种流操作建模,然后利用仿射任务划分技术来将 Brook 流应用调度映射于多处理器上。

Choi 等[13]针对嵌入式的多核系统提出了一种新的高性能核心调度。这种基于嵌入式多核系统的核心调度不同于过去的核心调度划分技术,它能处理嵌入式系统特有的实时性和存储器的有限性。文献[13]采用粗粒度的软件流水技术来开发多核架构下的并行性,并且建立了一个存储器和时序受限的调度问题,通过为调度问题建立整数线性规划(Interger Linear Programming, ILP)模型来得到高性能的核心调度映射。它的主要贡献是:针对受限于存储的嵌入式多核系统,使用软件流水最大化了处理器性能。

Hormati 等[14]针对异构多核架构提出了一种静态编译和动态实时性编译相结合的高性能核心调度映射。他们创新性地提出了一种自适应的流图模调度(adaptive stream graph modulo scheduling)算法。该算法结合了静态调度的优势和动态自适应的优点,有效地提高处理器核资源利用率。在静态编译层面,提出了一种启发式算法来控制流程序在多核架构下的并行度,然后通过建立 ILP 模型来求解核心映射的最优解。在动态编译层面,采用了一种轻量的在线自适应系统,该系统可以根据当前硬件架构可用资源来动态控制核心的调度,包括寻找新的处理器分配和缓冲分配。

Che 和 Chatha 连续三年分别在 DATE(2010)[15]、DAC(2011)[16]和 DAC(2012)[17]等编译领域重要会议上发表集成了便签存储器(scratchpad memory)多核架构下的核心调度和映射。在 DATE(2010)的论文中,Che 为核心调度映射问题建立 ILP 模型,该 ILP 模型以达到最大吞吐率为目标,同时考虑了指令在便签存储器中的重叠和通信开销。不仅如此,Che 还提出了一种启发式算法以提高编译速度。在 DAC(2011)的论文中,Che 设计了一种重定时算法来优化核心在嵌入式多核系统的吞吐率。该重定时算法又分为 3 个子算法,第一个子算法负责最小化迭代间隔,第二个子算法负责判断一个给定的迭代间隔是否满足重定时,第三个子算法则通过二进制搜索计算出最小的满足重定时的迭代间隔。在 DAC(2012)的论文中,Che 在原来重定时的基础上加入了循环展开方法来设计算核心的调度和映射算法,相比只采用重定时的算法可以得到更高的吞吐率。

Radojkovic[18]等研究流程序的划分优化问题,通过核心函数的划分来提供适合于多核性能的软件线程。该文献首次采用极端价值理论(extreme value theory)统计估计核心函数划分方法所能获得的性能,从而便于评估现有的核心函数划分算法,为提高现有的划分算法提供了依据。

香港理工大学的 Wang 等致力于多核处理器的流应用任务调度和映射。他们先提出了优化流程序在多核上的核间通信问题[19],通过提前几个周期执行,部分核心和流通信使得多核之间的通信可被核心的执行所覆盖。他们首先做了详细的调度分析,得到了每个流通信任务的上限时间点。然后将问题描述成整数线性规划形式来获得最优化通信的多核流任务调度结果。之后他们又提出了同时优化流程序在多核上的通信开销和存储分配的流任务调度策略[20],同样还采用了整数线性规划的方法来获得最优化的解。不仅如此,他们还提出了一种启发式算法来获得接近优化的解决办法,提高了算法执行速度。

　　然而,以上介绍的核心调度和映射主要应用在基于总线通信的多核架构,对于目前最新的基于片上网络的多核架构,以上模型和算法策略并不能完全适用。目前国内外有关基于片上网络的多核流处理器编译技术的研究尚处于初步阶段,虽然也取得了一定的成果,但是相关论文相比基于总线的多核处理器来说相对较少。

　　麻省理工学院的 Gordon 教授等[21-22]提出了一系列调度算法来开发 RAW 流体系架构的并行性。在文献[21]中,他们采用分裂(Fission)和融合(Fusion)变换技术来调节流程序的粒度,提出了一种布局算法来将流任务映射于二维 Mesh 片上网络中,并且设计了调度策略来为流处理核生成细粒度的静态通信模式。而文献[22]目标在于开发粗粒度的任务级、数据级和流水线级并行性。首先在避免增加通信开销的前提下通过流任务映射来优化数据级并行,然后通过将并行的流任务分配到独立的处理核中获得较高的核资源使用率,最后提出了流任务软件流水技术,通过并行执行循环的流任务中不同的迭代来获得流水线级并行。

4.3　运算资源利用率优化技术

4.3.1　同构多线程与核心联合

　　在介绍流程序的同构多线程之前,首先介绍目标流架构处理核的传统流程序执行模式。图 4.2 显示了 JPEG 编码流程序在目标 VLIW 架构的传统执行模式。其中,整个 JPEG 编码流程序可以作为一个单线程,这个单线程含有 5 个核心,包括浮点离散余弦变换(FDCT8)、量化(QUAN)、Z 字形编码(zigzag)、行程长度编码(RLE)和霍夫曼编码(Huffman)。单线程流程序的数据流在片上流存储器和 VLIW 架构的计算簇之间传输。每次只有一个核心被执行,这意味着一个核心只有在它的前驱核心完成执行后才能被执行。

　　根据流编程模型的特征,一个流程序可以通过核心的复制很自然地拆分成同构多线程[23]。每个线程由相同的核心组成,要被处理的原始数据流被平均分成了几部分,每部分作为一个线程的输入流。这样的流程序在这里被称作同构多线程流程序。图 4.2 显示了一个同构多线程流程序的例子。图 4.3(a)为原始的单线程 JPEG 编码流程序,图 4.3(b)中单线程 JPEG 编码流程序被复制成了两个线程。每个生成的线程继承了与原始线程同样的核心和核心之间的依赖关系。然而,同构多线程流程序的线程之间不是完全相互独立的。根据文献[21]研究介绍,流程序中的核心可以被分成无状态的(stateless)核心和有状态的(stateful)核心。无状态的核心是完全的数据并行的。无状态的核心中,当前流记录的执行和下一个流记录的执行是没有依赖关系的,所以一个无状态的核心可以被复制成多个独立的相同核心。有状态的核心不是数据并行的,当前流记录的执行和下一个流记录的执行存在依赖关系。当一个有状态的核心被复制成多个相同的核心时,它们之间存在着依赖关系。所以如果流程序中存在有状态的核心,同构多线程流程序的不同线程存在依赖关系。

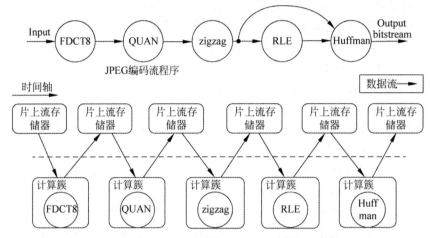

图 4.2 JPEG 编码流程序在流处理核的执行模式

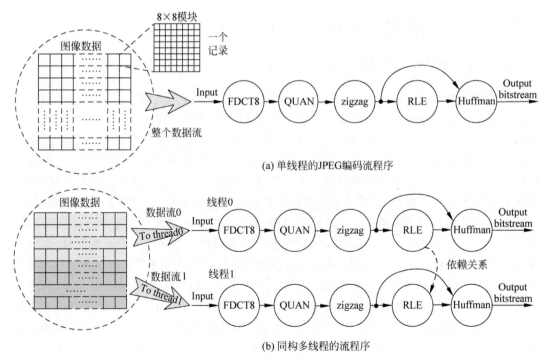

(a) 单线程的JPEG编码流程序

(b) 同构多线程的流程序

图 4.3 同构多线程流程序示例

在图 4.3(b)中,图像数据被组织成两条数据流,分别流入两个线程。JPEG 编码流程序中,FDCT8、QUAN、zigzag 和 Huffman 是无状态的核心,被复制后,不存在相互之间的依赖性。然而 RLE 是有状态的核心函数,虚线箭头表示从线程 0 的 RLE 指向线程 1 的 RLE,代表核心复制后的额外依赖关系,如图 4.3(b)所示。

核心复制的目的是利用更多的并行性来开发使用流架构中的运算单元。图 4.4 给出了 JPEG 编码同构多线程流程序的执行模式,其中两个处于不同线程的核心可以并行地在 VLIW 计算簇中执行,因为它们之间没有依赖关系。然而,由于线程 1 的 RLE 核心依赖于线程 0 的 RLE 核心,所以它们不能被同时执行。因此,线程 0 的 RLE 必须要在线程 1 的 RLE 前执行。

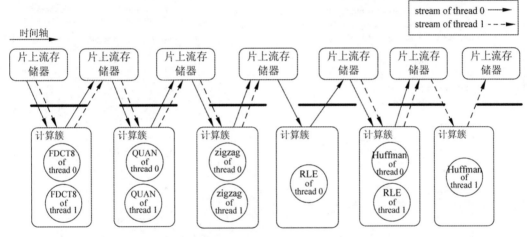

图 4.4　JPEG 编码同构多线程流程序在流架构中的执行

鉴于单个核心的并行操作缺乏,流架构的运算单元利用率有时很低。流架构能提供很多运算单元,但是单个核心所能提供的并行指令是有限的。这里提出了核心联合技术来提高流架构的运算单元利用率。核心联合即将多个并行核心的操作同时调度于共享的运算单元中。由于联合的核心是相互独立的,核心联合后会得到更多的并行操作子。

核心联合的例子如图 4.5 所示。图 4.5(a)给出的是从核心 FDCT8 中提取的部分核心级流程序。图 4.5(b)是核心联合前对应的核心程序的部分指令调度结果。这里显示,执行这个段核心指令程序需要 30 个时钟周期。图 4.5(c)显示的是将两个 FDCT8 联合编译后的部分指令情况。经过核心联合后,两个程序只用 34 个时钟周期即能完成,相比一个个地执行核心程序,核心联合能带来 26 个时钟周期的节省。而且,图 4.5(c)中核心联合后的运算单元利用率要明显高于图 4.5(b)核心联合前的运算单元利用率。

```
kernel dct (istream<block_8> in,
            ostream<block_8> out
            )
{ ......
  loop_stream(in) {
            in >> in1;

            tmp00 = in1.block_00 + in1.block_07;
            tmp07 = in1.block_00 - in1.block_07;
            tmp01 = in1.block_01 + in1.block_06;
            tmp06 = in1.block_01 - in1.block_06;
            tmp02 = in1.block_02 + in1.block_05;
            tmp05 = in1.block_02 - in1.block_05;
            tmp03 = in1.block_03 + in1.block_04;
            tmp04 = in1.block_03 - in1.block_04;

            tmp0_0 = tmp00 + tmp03;
            tmp0_3 = tmp00 - tmp03;
            tmp0_1 = tmp01 + tmp02;
            tmp0_2 = tmp01 - tmp02;

            temp.block_00 = tmp0_0 + tmp0_1;
            temp.block_04 = tmp0_0 - tmp0_1;
            temp.block_02 = tmp0_3 * b + tmp0_2 * e;
            temp.block_06 = tmp0_3 * e - tmp0_2 * b;

            temp.block_05 = tmp07 * d - tmp06 * a + tmp05 * f + tmp04 * c;
            temp.block_03 = tmp07 * c - tmp06 * f - tmp05 * a - tmp04 * d;
            temp.block_01 = tmp07 * a + tmp06 * c + tmp05 * d + tmp04 * f;
            temp.block_07 = tmp07 * f - tmp06 * d + tmp05 * c - tmp04 * a;
            ......
            out << out1;
}
```

(a) FDCT8的部分核心级程序

```
LOOP_STREAM:
1:  LOAD    in1.block_00;
2:  LOAD    in1.block_01;

8:  LOAD    in1.block_07;
9:  FSUB    tmp_07, in1.block_00, in1.block_07;
    FSUB    tmp_06, in1.block_01, in1.block_06;
10: NOP;
11: NOP;
12: FADD    tmp01, in1.block_01, in1.block_06;
    FADD    tmp02, in1.block_02, in1.block_05;
    ......
29: FADD    temp.block_06, tmp#5, tmp#6;
30: FSUB    temp.block_07, tmp#29, tmp#30;
    ......
LOOP_END
```

(b) 核心级编译后的部分指令结果

```
LOOP_STREAM:
1:  LOAD  in1.block_00;    LOAD  in1_1.block_00;
2:  LOAD  in1.block_01;    LOAD  in1_1.block_01;

8:  FSUB  tmp05, in1.block_02, in1.block_05;
    FSUB  tmp_1_05, in1_1.block_02, in1_1.block_05;
    LOAD  in1_1.block_07;
9:  FSUB  tmp_07, in1.block_00, in1.block_07;
    FSUB  tmp_1_06, in1_1.block_01, in1_1.block_06;
10: FMUL  tmp54, tmp04, f;
11: FSUB  tmp06, in1.block_01, in1.block_06;
    FADD  tmp_1_02, in1_1.block_02, in1_1.block_05;
    FMUL  tmp#20, tmp_1_04, d;
    FMUL  tmp#26, tmp_1_04, f;
12: FMUL  tmp#58, tmp05, c;
    FMUL  tmp#12, tmp_1_05, f;
13: FSUB  tmp07, in1.block_00, in1.block_07;
    FADD  tmp03, in1.block_03, in1.block_04;
    FMUL  tmp#9, tmp_1_07, d;
    FMUL  tmp#10, tmp_1_06, a;
    ......
32: FADD  temp.block_05, tmp#41, tmp#42;
    FADD  temp_1.block_05, tmp#13, tmp#14;
33: FSUB  temp.block_06, tmp#35, tmp#36;
    FSUB  temp_1.block_07, tmp#31, tmp#32;
34: FSUB  temp.block_07, tmp#59, tmp#60;
    ......
LOOP_END
```

(c) 同时编译两个FDCT8核心后的部分指令结果

图 4.5　核心函数联合编译

4.3.2　运算单元高利用率调度

如上所述,流程序的同构多线程扩展和核心的联合能提高流架构的运算单元利用率。然而,如何从同构多线程流程序中选择匹配的核心联合来最大化流架构的运算单元利用率是一个问题。这里基于同构多线程的流程序和核心的联合编译,首先针对单个目标流架构,提出了其调度优化策略。

一个流程序可以被表示成一个流程序图 $G=(V,E)$。流程序图中,每个节点 $v \in V$ 代表一个核心,每条有向边 $e=(u,v) \in E$ 代表一条从核心 u 到核心 v 的流。这里一个核心 v 用一组参数 $\{\text{Grain}_v, AU_{v,k}, SN_v, \text{State}_v\}$ 来表征。Grain_v 表示核心 v 的粒度。本书中核心粒度指的是核心函数中一个循环体的执行所需要的时钟周期数目。$AU_{v,k} \in [0,1]$ 表示

核心函数 v 中第 k 类计算单元的使用率。例如,目标流架构的一个计算簇里有 3 个加法器,这 3 个加法器可作为一类运算单元。SN_v 指的是核心 v 所需要的输入流和输出流的总数目。$State_v$ 是 0-1 变量,$State_v = 1$ 表示核心 v 是有状态的;$State_v = 0$ 表示核心 v 是无状态的。参数 $AU_{v,k}$ 可通过式(4.1)来计算:

$$AU_{v,k} = \frac{\sum_{t=1}^{Grain_v} NumFu_{v,k,t}}{Grain_v \times N_k} \tag{4.1}$$

其中,$NumFu_{v,k,t}$ 表示一个计算簇中第 k 类运算单元在核心 v 的第 t 个周期被 VLIW 使用的数目。N_k 表示一个计算簇中第 k 类计算资源的总数目。

原始流代表流程序的输入流,用参数 $\{S_{in}, RecLen_{in}\}$ 来表征。S_{in} 表示原始流中的记录(record)的数目。$RecLen_{in}$ 表示一个记录中的字(word)数。流程序图中的中间流用 $RecLen_e$ 来表征。代表流 e 中的记录所包含的字数。目标流架构可以用参数 $\{N_s, N_{cl}, N_{au}, N_{reg}, B_{mem}\}$ 来表征。N_s 表示目标流架构所支持的最大的输入输出流的数目。N_{cl} 表示一个流架构中计算簇的数目,N_{au} 表示计算簇中运算单元类型的数目,N_{reg} 表示片上流存储器的最大容量,B_{mem} 表示片上流存储器与外部存储的带宽(单位:字/时钟周期)。

基于同构多线程流程序和核心联合,针对单个流架构的高运算单元利用率调度优化可描述为:给定一个流程序图 $G = (V, E)$ 和其参数 $\{Grain_v, AU_{v,k}, SN_v, State_v, RecLen_e\}$、原始流的参数 $\{S_{in}, RecLen_{in}\}$ 和目标流架构的参数 $\{N_s, N_{cl}, N_{au}, N_{reg}, B_{mem}\}$,构造流程序的同构多线程和决定同构多线程的核心联合分配,目标是提高流架构的运算单元利用率。

运算单元利用率 $U_{au,k}$ 可用式(4.2)来计算:

$$U_{au,k} = \frac{S_{in} \times \sum_{v \in V}(AU_{v,k} \times Grain_v \times N_k)}{TotExe \times N_k \times N_{cl}} \tag{4.2}$$

其中,$TotExe$ 表示流程序在单个流处理核中的总执行时间。式(4.2)的分子代表第 k 类运算单元在整个流程序执行中被使用的次数。因为核心的一个循环体的执行会处理所有输入流中的一个记录,所以每个核心要做 S_{in} 次循环。式(4.2)的分母表示流程序整个执行过程中目标流架构所能提供的第 k 类运算单元的数目。由于一个特定应用的参数 $\{S_{in}, AU_{v,k}, N_{cl}, N_k, Grain_v\}$ 是不变的,所以最大化运算单元利用率相当于最小化执行时间 $TotExe$。流程序在单个目标流架构的执行时间包括总的核心执行时间 $TotKET$、总的核心启动开销 $TotST$ 和不能被计算掩盖的外部存储访问时间 $MemT$。计算方程如式(4.3)所示:

$$TotExe = TotKET + TotST + MemT \tag{4.3}$$

总的核心执行时间 $TotKET$ 指的是所有联合核心执行时间,它可用式(4.4)来计算,其中 M 是同构多线程流程序中线程的数目,$Grain_i$ 是第 i 个联合核心的粒度,$TotCom$ 是所有联合核心的个数。因为目标流架构每次处理一个流记录且 M 个线程同时被处理,所以式(4.4)的第一个部分指的是处理 $M \times N_{cl}$ 个流记录所需要的时钟周期数。式(4.4)的第二

部分 $S_{in}/(M \times N_{cl})$ 表示要重复的次数。

$$\text{TotKET} = \left(\sum_{i=1}^{\text{TotCom}} \text{Grain}_i \right) \times \frac{S_{in}}{M \times N_{cl}} \tag{4.4}$$

总的核心启动开销 TotST 指的是所有联合核心的启动时间,它可由式(4.5)计算,其中 Seg_{in} 是原始输入流 S_{in} 中的分段长度,Overhead_i 是第 i 个联合核心函数的启动开销。流级循环体是一个包含了所有核心的完整程序,它一次处理部分原始输入流。所有的核心在一个流级循环中都执行一次。所以,式(4.5)的第一个部分表示所有联合核心执行一次的总核心启动开销。式(4.5)的第二个部分 $S_{in}/(\text{Seg}_{in} \times M)$ 是流级循环的次数,其中流分段长度 Seg_{in} 是每个流级循环体中一个线程的输入。

$$\text{TotST} = \left(\sum_{i=1}^{\text{TotCom}} \text{Overhead}_i \right) \times \frac{S_{in}}{\text{Seg}_{in} \times M} \tag{4.5}$$

不能被掩盖的外部存储器访问时间 MemT 指的是不能与核心的启动和执行并行的外部存储器流数据的传输时间。MemT 可用式(4.6)来计算,其中 L 是不能被核心的启动和执行所掩盖的外部存储访问数据流的长度。

$$\text{Mem}T = \frac{L}{B_{mem}} \tag{4.6}$$

调度框架如图 4.6 所示,输入包括流程序图 $G = (V, E)$ 和参数 $\{\text{Grain}_v, \text{AU}_{v,k}, \text{SN}_v, \text{State}_v, \text{RecLen}_e\}$,原始输入流参数 $\{S_{in}, \text{RecLen}_{in}\}$ 和目标流架构的参数 $\{N_s, N_{cl}, N_{au}, N_{reg}, B_{mem}\}$。流级程序 StreamC 分析器[24] 被利用来生成流程序图 $G = (V, E)$,核心的 KernelC 指令调度器[25] 被用来生成所有核心的 VLIW 结果,核心参数是从指令调度器的编译结果中提取。基于流程序的同构多线程和核心的联合,针对单个流架构的调度策略描述如下。

第一阶段(Phase 1)通过线程复制的方式将流程序扩展成同构多线程的流程序,并生成同构多线程流程序依赖关系图 $G_{HMT} = (V_{HMT}, E_{HMT})$。依赖关系图 G_{HMT} 中,每个核心被表示成 $v^j (v \in V, 0 \leqslant j < M)$,代表第 j 个线程的核心 v,每条边被表示成 $(u^i, v^j) \in E_{HMT}$,$v, u \in V, 0 \leqslant i, j < M$,表示核心 v^j 依赖于核心 u^i。

第二阶段(Phase 2)根据依赖关系图 $G_{HMT} = (V_{HMT}, E_{HMT})$,将同构多线程流程序的核心分配到不同的时间步中,尽可能地最小化总核心函数执行时间 TotKET。被分配到同一个时间步的多个核心代表一个联合的核心,将进行核心的联合编译。

第三阶段(Phase 3)根据所有核心的时间步分配和联合核心的启动开销,决定每个线程的流长度来优化外部存储访问开销和核心的总启动开销。在调度过程中,再次利用 KernelC 调度器生成联合核心的启动开销。

最后调度将输出核心函数的时间步分配和每个线程的流长度。

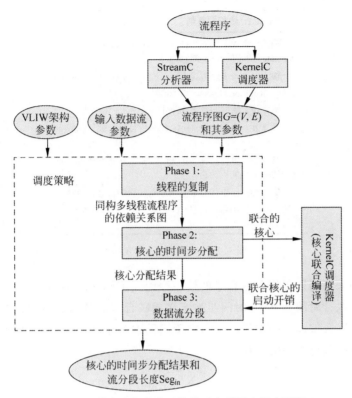

图 4.6　单个流架构的运算单元高利用率调度框架

1. Phase1：线程的复制

根据式(4.3)~式(4.6)，M、Grain_i、Overhead_i、Seg_{in} 和 L 是决定流程序总执行时间的主要变量。Grain_i、Overhead_i、Seg_{in} 和 L 只能在同构多线程流程序被构建了后才能获得。图 4.7 显示了通过线程复制来建立同构多线程流程序的详细描述。首先确定线程的数目 M。流架构所能支持的输入输出流的最大数目是影响线程数目的一个因素。由于硬件的限制，联合核心的输入输出流总数目不能超过流架构所能支持的流数 N_s。此处所提出的同构多线程可以为核心联合创建更多的并行的核心。只要无状态的核心存在，同构多线程的流程序就有至少 M 个并行的核心函数。对于单个流架构来说，如果线程的数目等于核心所能联合的最大数目，继续增加线程来提供更多的并行核心是没有意义的。所以，针对单个流架构，线程的数目 M 为：

$$M = \left\lfloor \frac{N_s}{\min\{SN_v, v \in V\}} \right\rfloor \tag{4.7}$$

其中，$\min\{SN_v, v \in V\}$ 表示最小的 $SN_v (v \in V)$。

线程数目选定后，同构多线程流程序的依赖关系图被建立，见图 4.7 的第 2 步到第 4 步。在第 4 步中，由于有状态核心 v^i 的最后一个流记录是核心 $v^{i+1}(i \in N, i < M-1)$ 第一个流记录的前驱，所以有状态的核心 v^{i+1} 依赖于有状态的核心 v^i。

Phase 1: 线程的复制

输入：流程序图 $G = (V, E)$，核心参数 $\{Grain_v, AU_{v,k}, SN_v, state_v\}$，硬件架构参数 N_s；

输出：同构多线程流程序的依赖关系图 $G_{HMT} = (V_{HMT}, E_{HMT})$ 和线程的数量 M；

第1步：线程的数量 M 根据式（4.7）来确定；

第2步：流程序图 $G=(V,E)$ 的所有核心被复制成 M 份；

第3步：如果 $e=(u,v) \in E$，从核心 u_i 到 v_i 增加一条表示依赖关系的有向边；

第4步：如果核心 v 是一个有状态的核心，从核心 v_i 到核心 v_{i+1}（$i \in N$, $i < M-1$）增加一条表示依赖关系的虚线箭头。

图 4.7　流程序的线程复制

这个阶段用来将同构多线程流程序的核心分配到不同的时间步中，通过核心联合编译来降低总的核心执行时间。其中，时间步被定义成联合核心的执行顺序。被分配到同一个时间步的核心被联合编译。根据式（4.4），由于线程数 M 已在 Phase 1 确定，所以本阶段的目标是最小化所有联合核心的总粒度：

$$\min\left(\sum_{i=1}^{TotCom} Grain_i\right) \tag{4.8}$$

2．Phase 2：核心时间步分配

时间步分配（Phase 2）的详细描述如图 4.8 所示，重复执行 Phase 2.1 和 Phase 2.2，直到没有可提供的核心重排序。

Phase 2: 核心的时间步分配

输入：同构多线程流程序的依赖关系图 $G_{HMT} = (V_{HMT}, E_{HMT})$，核心参数 $\{Grain_v, AU_{v,k}, SN_v, state_v, Len_{v,k}, Start_{v,k}, End_{v,k}\}$，硬件架构参数 $\{N_s, N_{au}\}$；

输出：核心的时间步分配结果；

repeat

Phase 2.1：重排序每条线程的核心一次，生成核心重排序后的同构多线程流程序；

Phase 2.2：根据核心重排序后的依赖关系图，同构多线程流程序的核心被选择分配到每个时间步中，并得到核心的时间步分配结果和总的联合核心粒度；

until 没有可提供的核心重排序

比较所有可能的核心重排序所对应的总联合核心粒度，选择具有最小总联合核心粒度的核心时间步，分配最后的结果输出。

图 4.8　时间步分配流程描述

图 4.9 对怎么建立核心重排序后依赖关系图做了详细的描述。第 1 步和第 2 步描述了核心重排序的过程。核心重排序的目的是决定核心的重排序级数和核心在依赖图中的顺序。重排序级数定义如下。

定义 4.1：重排序级数 r 代表每个核心在流级循环中的位置。对于核心 v, $r=0$ 表示该核心处于当前执行的流级循环，$r=-1$ 表示这个核心处于前一个流级循环。

前馈切割是一个有效的方法来设置核心的重排序级数，它可以保持重排序后流程序的正确性。前馈切割线被用来切割线程中的流。这些流要求都是朝着同一个方向的中间流。当去除这些中间流后，线程被分成两部分。中间流的源部分核心的重排序级数被设置成 $r=0$，中间流的目标部分核心的重排序级数被设置成 $r=-1$。

Phase 2.1: 核心重排序

输　入：同构多线程流程序的依赖关系图 $G_{HMT}=(V_{HMT}, E_{HMT})$，核心参数 state $_v$；

输出：核心重排序后的同构多线程流程序依赖关系图；

第 1 步：对每条线程尝试一个可能的前馈切割，为同构多线程流程序的所有核心设置其重排序级数；

第 2 步：如果存在有状态的核心，判断是否有状态核心的重排序级数满足不等式(4.9)；如果所有的有状态核心都满足，进入到第3步，否则回到第1步；

第 3 步：具有相同重排序级数的核心之间的依赖关系保持不变；具有不同重排序级数的核心之间的依赖关系被消除；如果存在两个核心 (v^{M-1}, v^0) 是有状态的且它们的重排序级数是不同的，从核心 v^{M-1} 到核心 v^0 增加一条表示依赖关系的有向边 (v^{M-1}, v^0)；完成这步后，核心重排序后的同构多线程流程序的依赖关系图就生成了。

图 4.9　核心重排序

图 4.10(a)显示了一个设置 JPEG 编码同构多线程流程序核心重排序级数的例子。在图 4.10(a)中，一条虚线段被引入来切割中间流。切割之后，核心的重排序级数被设置。核心重排序后的同构多线程流程序如图 4.10(b)所示，其中 $Loop_{i-1}$ 表示前一个流级循环，$Loop_i$ 表示当前的流级循环。

当一个线程中拥有很多个并行核心时，前馈切割的数目会很庞大。这里一种策略被采用实施。每次选择单个线程的一个核心，依赖于该选择的核心并处于同一线程的所有核心被前馈切割到目的端，该线程中剩余的核心被前馈切割到源端。这样，一个线程的前馈切割的数目为 $|V|$(一个线程中核心的数目)。

定义 r_v^j 表示第 j 个线程核心 v 的重排序级数，式(4.9)表示：如果核心 v 是有状态的，核心 v^i 的重排序级数不能小于核心 v^j 的重排序级数($i<j$)。式(4.9)被用来确保核心重排序后有状态核心之间依赖关系的正确性。

$$r_v^i \geqslant r_v^j, \quad state_v = 1 \quad (0 \leqslant i < j < M) \tag{4.9}$$

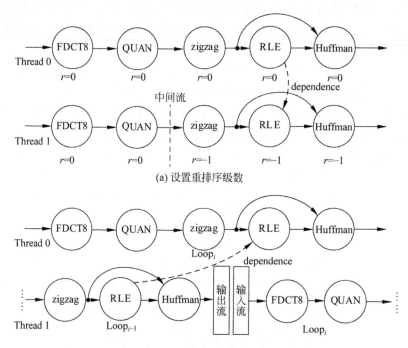

(a) 设置重排序级数

(b) 核心重排序后的同构多线程流程序

图 4.10　JPEG 编码同构多线程流程序的核心重排序

图 4.9 中,第 3 步描述了同构多线程流程序经过了核心重排序后依赖关系的变化。核心重排序完成后,不同流级循环的核心没有依赖性。在这一步中,如果核心 v^{M-1} 和 v^0 是有状态的且它们的重排序级数不一样,则一条从 v^{M-1} 到 v^0 的边被引入来代表其依赖关系。此时,v^{M-1} 属于前一个流级循环,v^0 属于当前的流级循环。每个流循环处理部分原始数据流,且原始数据流被依次处理。而且,原始数据流的每一部分都被分成了 M 段,分别从线程 0 到线程 $M-1$ 依次输入 M 个线程中。因此,线程 0 当前流级循环的流数据段处于线程 $M-1$ 前一个流级循环的流数据段之后。当前流级循环的有状态核心 v^0 需要前一个流级循环核心 v^{M-1} 的结果。如图 4.10(b) 所示,线程 0 核心 RLE 与线程 1 核心 RLE 之间的依赖关系在重排序后被改变。

图 4.11(a) 和图 4.11(b) 给出了核心重排序的例子。图 4.12(a) 显示了依赖关系图的重排序级数设置。图 4.12(b) 显示的是核心重排序后的依赖关系图。

图 4.12 给出了核心时间步分配的详细描述。图 4.11(c) 给出了根据图 4.11(b) 中核心依赖图的时间步分配。

一个核心只有在它所有的前驱核心被分配后才能被分配到时间步中。在图 4.12 的第 1 步中,定义 ISSUESET 表示每个时间步中能被分配的核心集合。然后遍历 ISSUESET 中所有可能的核心联合,见图 4.12 中的第 2 步和第 3 步。这里可能的核心联合指的是联合核心总的输入输出流不能超过硬件参数 N_s。

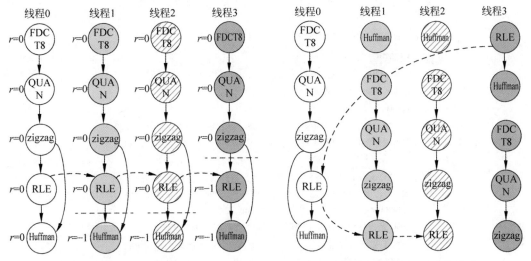

(a) JPEG编码同构多线程流程序的
依赖关系图和核心函数重排序设置

(b) 核心函数重排序后的依赖关系图

(c) 核心函数的时间步分配

图 4.11　时间步分配的一个例子

在图 4.12 的第 2 步中,联合核心的粒度 Grain 被估计,这是因为如果在调度中通过编译器来得到联合核心的粒度,会带来很大的时间开销。联合核心的估计算法将在 4.4 节详细介绍。

Phase 2.2: 核心的分配

输入: 核心重排序后的同构多线程流程序依赖关系图，核心参数 $\{Grain_v, AU_{v,k}, SN_v, state_v, Len_{v,k}, Start_{v,k}, End_{v,k}\}$，处理器架构参数 $\{N_s, N_{au}\}$；

输出: 核心的时间步分配，总的核心粒度 Grain。

repeat

第 1 步: 收集当前能被分配的核心成一个集合 ISSUESET；定义一个变量 $income_{max}=0$；

  repeat

  第 2 步: 从 ISSUESET 尝试一个可能的核心联合，注意联合核心的输入输出流总数不能大于 N_s；然后联合核心的粒度 Grain 被估计；

  第 3 步: 根据方程（2.10）计算当前核心联合编译后的收益 income；比较 income 和 $income_{max}$ 的大小，如果 $income \geqslant income_{max}$，则 $income_{max}=income$，否则保持 $income_{max}$ 不变；

  until 集合 ISSUESET 中的所有可能的核心联合都被尝试

  第 4 步: 具有 $income_{max}$ 的核心联合对应的核心被分配到时间步中；从依赖关系图中剔除这些被分配的核心；

until 所有核心被分配

第 5 步: 计算核心分配后所有联合核心的总估计粒度。

图 4.12 核心分配算法

在图 4.12 的第 3 步中，变量 income 被定义为核心联合编译后的收益：

$$income = \sum_{v=0}^{n} Grain_v - Grain_{(0,1,\cdots,n)} \qquad (4.10)$$

$Grain_{(0,1,\cdots,n)}$ 表示为联合核心 $\{0,1,\cdots,n\}$ 后的估计粒度。采取一种启发式策略来获得每个时间步的局部最优化方案。这意味着 ISSUESET 中具有最大收益（income）的核心联合被选择分配到时间步中，如图 4.12 的第 4 步。

核心的时间步分配（Phase 2）是整个调度策略中时间复杂度最大的部分。由于同构多线程流程序核心依赖图 G_{HMT} 中所有的核心和边都在 Phase 2.1 中被遍历了，所以 Phase 2.1 的时间复杂度为 $O(M|V|+|E_{HMT}|)$，这里 $|E_{HMT}|$ 指的是 G_{HMT} 中边的数目。在 Phase 2.2 中，假设每次只有一个核心被分配到时间步中，且 ISSUESET 中最大核心的数目是 N_{is}。因为最大能联合的核心数目是 $N_s/2$（N_s 是架构参数）的向下取整，所以其复杂度为：

$$O\left(M|V|\sum_{i=1}^{\lfloor N_s/2 \rfloor} C_{N_{is}}^{i}\right) \qquad (4.11)$$

$$C_{N_{is}}^{i} = \frac{N_{is}(N_{is}-1)\cdots(N_{is}-i+1)}{i \cdot (i-1)\cdots 1} \qquad (4.12)$$

式(4.12)表示从 ISSUESET 中联合 i 个核心的组合数。由于每个线程有 $|V|$ 个前馈切割,所以核心重排序的个数为 $|V|^M$,这里假设所有的核心重排序都满足式(4.9)。综上,Phase 2 的总时间复杂度为:

$$O\left(M \mid V \mid^{M+1}\left(\sum_{i=1}^{\lfloor N_s/2 \rfloor} C_{N_{is}}^i + 1\right) + \mid E_{\text{HMT}} \mid \mid V \mid^M\right) \tag{4.13}$$

接下来将详细描述核心联合估计来计算核心联合后的粒度。3 个参数 $\text{Len}_{v,k}$,$\text{Start}_{v,k}$ 和 $\text{End}_{v,k}$ 被定义来表示一个核心函数 v 的运算单元使用分布。运算单元使用分布被定义如下。

定义 4.2:使用分布表示运算单元被一个核心的 VLIW 使用的分布情况。

定义局部均匀分布(Local Uniform Distribution)为每个核心的运算单元使用分布建模。

定义 4.3:局部均匀分布表示运算单元在核心的一个局部范围内被均匀使用的分布情况。

作为局部均匀分布的一个例子,这里假设参数 $\{\text{Start}_{v,k}, \text{End}_{v,k}, \text{Len}_{v,k}\}$ 分别为 $\{5, 80, 76\}$。这表示第 k 类运算单元在核心函数 v 的第 5~80 个时钟周期被使用,第 k 类运算单元均匀使用了 76 个时钟周期。

参数 $\{\text{Start}_{v,k}, \text{End}_{v,k}, \text{Len}_{v,k}\}$ 是在核心被编译后通过编译器的分析来获得。由于这 3 个参数要被用来估计核心联合的粒度,所以此处给出了它们的计算方程:

$$\text{Exp}_{v,k} = \sum_{t=1}^{\text{Grain}_v}\left(t \times \frac{\text{NumFu}_{v,k,t}}{\sum\limits_{t'=1}^{\text{Grain}_v} \text{NumFu}_{v,k,t'}}\right) \tag{4.14}$$

$$\text{Start}_{v,k} = \max\left(\left[\text{Exp}_{v,k} - \frac{\sum\limits_{t=1}^{\text{Grain}_v}|t - \text{Exp}_{v,k}| \times \text{NumFu}_{v,k,t}}{\sum\limits_{t=1}^{\text{Grain}_v} \text{NumFu}_{v,k,t}} \times 2\right], 1\right) \tag{4.15}$$

$$\text{End}_{v,k} = \min\left(\left[\text{Exp}_{v,k} + \frac{\sum\limits_{t=1}^{\text{Grain}_v}|t - \text{Exp}_{v,k}| \times \text{NumFu}_{v,k,t}}{\sum\limits_{t=1}^{\text{Grain}_v} \text{NumFu}_{v,k,t}} \times 2\right], \text{Grain}_v\right) \tag{4.16}$$

$$\text{Len}_{v,k} = \text{End}_{v,k} - \text{Stp}_{v,k} + 1 \tag{4.17}$$

这里 $\text{Exp}_{v,k}$ 是运算单元使用分布的期望值,它表示核心 v 中第 k 类运算单元使用分布的中间位置。$\text{Exp}_{v,k}$ 作为计算 $\text{Start}_{v,k}$、$\text{End}_{v,k}$ 的中间值。式(4.14)的第 2 个部分可以被看成是第 k 类运算单元在核心的第 t 个时钟周期被使用的概率。而式(4.15)的第 2 项对应运算单元使用分布期望值与分布开始位置的范围,式(4.16)的第 2 项对应运算单元使用分布期望值与分布结束位置的范围。

基于参数$\{\text{Start}_{v,k}$，$\text{End}_{v,k}$，$\text{Len}_{v,k}\}$，使用核心图将核心中的运算单元使用分布图式化。核心图的示例见图4.13。

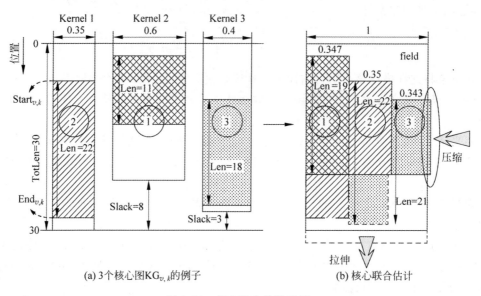

(a) 3个核心图$\text{KG}_{v,k}$的例子   (b) 核心联合估计

图4.13 核心联合估计示例

定义4.4：核心图$\text{KG}_{v,k}$是一种模块图，它用来表示核心v中第k（$k \in [1, N_{au}]$）类运算单元的使用分布。核心图中的阴影部分表示第k类运算单元被使用的区域，其他空白部分表示第k类运算单元没有被使用的区域。

核心图$KG_{v,k}$由参数$\{\text{Grain}_v$，$\text{Start}_{v,k}$，$\text{End}_{v,k}$，$\text{Len}_{v,k}$，$\text{Hor}_{v,k}\}$来表征。Grain_v即是核心图$KG_{v,k}$的垂直长度。参数$\{\text{Start}_{v,k}$，$\text{End}_{v,k}$，$\text{Len}_{v,k}$，$\text{Hor}_{v,k}\}$分布对应核心图中第k类运算单元被使用的起始位置、终止位置、阴影部分的垂直长度和阴影部分的水平长度。这里$\text{Hor}_{v,k} = AU_{v,k} \times \text{Grain}_v / \text{Len}_{v,k}$。

核心联合估计的过程可被公式化为一个图论问题，即将所有核心图$\{KG_{0,k}$，$\cdots$，$KG_{n,k}\}$的阴影部分分配到一个区域（field）中，该区域的水平长度为1，垂直长度等于所有核心图中最大的垂直长度Grain_v。

规则4.1：核心图的阴影部分可以被向下拉伸，且在拉伸的过程中阴影部分的面积必须保持不变，为$AU_{v,k} \times \text{Grain}_v$。如果阴影部分被向下拉伸了$L$的长度，核心图$KG_{v,k}$同样要被向下拉伸$L$的长度。

核心函数图$KG_{v,k}$的阴影部分是由使用了第k类计算单元的使用的计算操作所组成。向下拉伸核心函数图$KG_{v,k}$的阴影部分相当于将阴影部分中的算子操作向下滑动。

定义4.5：给定n个核心图$\{KG_{0,k}$，$\cdots$，$KG_{v,k}$，$\cdots$，$KG_{n,k}\}$，变量Slack_v表示核心图集合$\{KG_{0,k}$，$\cdots$，$KG_{v,k}$，$\cdots$，$KG_{n,k}\}$中最大垂直长度与当前核心图$KG_{v,k}$垂直长度之间的差值，$\text{Slack}_v = \max(\text{Grain}_0$，$\cdots$，$\text{Grain}_v$，$\cdots$，$\text{Grain}_n) - \text{Grain}_v$。

假设核心{0，1，…，n}被联合，整个核心联合估计程序可描述如下。

第1步：首先考虑第 k 类运算单元，确定核心函数图{$KG_{0,k}$，…，$KG_{n,k}$}中最大的垂直长度。然后将 field 的垂直长度设置为等于这个最大的垂直长度。接着，计算出所有核心的 $slack_v$。最后，每个核心图都被向下拉伸 $slack_v$ 单位的长度。

第2步：选择具有最小 $Start_{v,k}$ 的核心图阴影部分，将其移动到 field 的最左边。如果有超过一个这样的阴影部分，选择一个具有最大垂直长度的阴影部分。

第3步：比较之前所有被选择阴影部分的 $End_{v,k}$，如果当前阴影部分的 $End_{v,k}$ 是最大的，滑动当前阴影部分超出的一段到 field 的最左边，如图4.13(b)所示。重复第2步和第3步直到所有的阴影部分被分配到 field 中。

第4步：如果有阴影部分超出了 field，将所有的阴影部分向下拉伸一个同样的长度，使得这些阴影部分的最右边和 field 的右边界匹配上。然后区域 field 也要向下拉伸相同的长度。最后输出区域 field 的垂直长度。

第5步：重复第1步到第4步直到遍历所有种类的运算单元。最终，输出区域 field 的所有垂直长度中，最大的垂直长度作为联合核心的估计粒度 Grain。

图4.13(a)显示了3个示例核心的核心图 $KG_{v,k}$。其中数字标签表示根据阴影部分起始点位置被分配的顺序。图4.13(b)显示了核心联合的估计结果，图中阴影部分已根据它们的松弛度(slack)被向下拉伸，并且这些阴影部分已通过滑动被分配到了区域 field 的最左边。由于阴影部分超出了区域 field 的右边界，所有的阴影部分都被向下拉伸，同时区域 field 也被向下拉伸。

3. Phase 3：数据流分段

在本阶段，每个线程的数据流分段长度 Seg_{in} 被确定来优化外部存储访问传输和核心启动开销。过长的数据流分段会导致需要缓存的数据流大于片上流存储器的容量，这会导致数据缓存在外部存储器中，从而带来额外的外部存储访问开销。过短的数据流分段会使得核心的启动时间在总执行时间中占据较高的比例。图4.14描述了确定同构多线程流程序的数据流分段长度 Seg_{in}。

第1步是寻找不会带来额外外部存储访问的最大流分段长度 $Seg_{in,max}$。$Seg_{in,max}$ 可通过式(4.18)来计算得到，其中 E_t 表示属于时间步 t_{step} 的数据流集合。E_t 包括了分配到时间步 t_{step} 的所有核心的输入输出流和在时间步中没被消费掉的数据流。$RecLen_e$ 表示数据流 e 中一个记录中所含有的字(word)的数目。N_{reg} 表示片上流存储器的最大容量。

$$Seg_{in,max} = \frac{N_{reg}}{\max\limits_{t_{step}}\left(\sum\limits_{e \in E_t} RecLen_e\right)} \tag{4.18}$$

图4.15显示了 $\sum\limits_{e \in E_t} RecLen_e$ 的计算，根据 $RecLen_{in}$(原始输入流中每个流记录所含有的字的数目)，每个 $RecLen_e$ 可被描述为 $\alpha \times RecLen_{in}$，其中 $\alpha = RecLen_e / RecLen_{in}$。在第2个时间步中，最大的 $\sum\limits_{e \in E_t} RecLen_e$ 等于 $10.5RecLen_{in}$。

Phase 3: 数据流分段

输入：核心的时间步分配，流程序图 $G=(V,E)$ 和参数 $RecLen_e$，线程的数量 M，处理器架构参数 $\{N_{reg}, B_{mem}\}$，核心的启动开销 Overhead，原始输入流参数 $\{S_{in}, RecLen_{in}\}$；

输出：流分段长度 Seg_{in}。

第1步：计算出不会带来任务额外外部存储访问的最大流分段长度 $Seg_{in,max}$；

第2步：假设带来没有额外的外部存储访问开销，找到能最小化（TotST+MemT）的最优流分段长度；TotST 为总的核心启动开销，MemT 为不能被计算掩盖的存储访问时间；

第3步：比较 $Seg_{in,max}$ 和 Seg_{opt} 的大小；如果 $Seg_{in,max}$ 大于 Seg_{opt}，则流分段长度 Seg_{in} 等于 Seg_{opt}，否则流分段长度 Seg_{in} 等于 $Seg_{in,max}$。

图 4.14　数据流分段算法

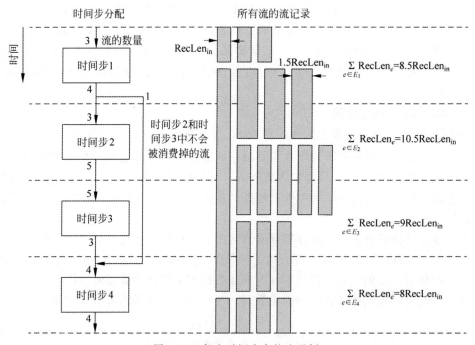

图 4.15　每个时间步中的流示例

图 4.14 的第 2 步是为了寻找 Seg_{opt} 来最小化总核心启动开销 TotST 和外部存储访问开销 MemT 之和，具体见式（4.3）～式（4.6）。根据文献[26]，式（4.6）的 L 可通过式（4.19）来估计。式（4.19）假设不存在任何额外的外部存储访问开销。b 表示 L 中与 Seg_{in} 不相关的部分。将（TotST＋MemT）对 Seg_{in} 求导数，当导数等于 0 时，（TotST＋MemT）的值为最

小值,所以通过式(4.20)计算 Seg_{opt}

$$L = 2 \times Seg_{in} \times RecLen_{in} + b \tag{4.19}$$

$$Seg_{opt} = \sqrt{\frac{B_{mem} \times S_{in} \times \sum_{i=1}^{TotCom} Overhead_i}{2 \times M \times RecLen_{in}}} \tag{4.20}$$

图 4.14 的第 3 步中,选择 $Seg_{in,max}$ 与 Seg_{opt} 中的最小值作为同构多线程流程序的数据流分段长度,因为 Seg_{opt} 是在没有任何额外的外部访存的假设下计算的。如果 Seg_{opt} 大于 $Seg_{in,max}$,将引入额外的外部存储器访问开销。

4.4　利用率感知的核心映射和调度技术

4.4.1　众核流处理架构建模

本节沿用 4.2 节的定义、基本概念和形式化参数来为流程序、核心、数据流和单个流处理核建模。

而基于片上网络的多核架构用参数 BW、N_x、N_y 来表征。BW 指的是片上网络中每个物理通道的带宽,其单位为比特每时钟周期。N_x 表示目标多核流处理器架构横轴方向的处理核数目,N_y 表示目标多核流处理器架构纵轴方向的处理核数目。

根据这些参数,目标多核流处理器的第 k 类运算单元的使用率 $U_{au,k}$ 为:

$$U_{au,k} = \frac{S_{in} \times \sum_{v \in V} (AU_{v,k} \times Grain_v \times N_k)}{T_{prog} \times N_k \times N_{cl} \times N_x \times N_y} \tag{4.21}$$

其中,T_{prog} 为流程序在目标多核流处理器中的运行时间,S_{in} 表示输入流中记录的数目,$AU_{v,k}$ 表示核心函数 v 中第 k 类计算单元的使用率,$Grain_v$ 表示核心 v 的粒度,N_k 表示一个计算簇中第 k 类计算资源的总数目,N_{cl} 表示一个流处理核中计算簇的数目。式(4.21)等号右边部分的分子代表第 k 类运算单元在整个流程序执行中被使用的次数,分母表示流程序整个执行过程中目标多核流架构所能提供的第 k 类运算单元的数目。

目标多核流处理器的能量消耗为:

$$E_{total} = E_{comp,dyn} + E_{comm,dyn} + E_{leakage} \tag{4.22}$$

其中,$E_{comp,dyn}$ 表示计算所消耗的动态能量,$E_{comm,dyn}$ 表示通信所消耗的动态能量,指的是整个目标多核流处理器的总漏电能耗。

$E_{comm,dyn}$ 主要由算子执行能耗、超长指令字发射能耗和片上流寄存器的访问能耗组成。因为同构多线程和核心联合不会带来额外的算子执行能耗和片上流寄存器访问能耗,并且减少所需要发射的 VLIW 总数目,$E_{comm,dyn}$ 可以有相应的降低。

根据文献[27],片上网络的通信能耗为:

$$E_{comm,dyn} = \sum_{i=1}^{N_{comm}} E_{comm}^i \cdot Size_{comm}^i \tag{4.23}$$

其中，N_{comm} 表示通信的总数目，E_{comm}^i 表示传输第 i 个通信的 1 比特数据所需的动态能耗，$\text{Size}_{\text{comm}}^i$ 而表示第 i 个通信所包含的数据量（比特量）。

E_{comm}^i 由式(4.24)计算得到：

$$E_{\text{comm}}^i = E_{\text{SRbit}} + (N_{\text{hop}}^i + 1) \cdot E_{\text{Rbit}} + N_{\text{hop}}^i \cdot E_{\text{Lbit}} \tag{4.24}$$

其中，E_{SRbit} 表示发送和接收 1 比特数据所需要的平均能耗，N_{hop}^i 是通信 i 在片上网络上的跳数，所以 $N_{\text{hop}}^i + 1$ 表示 1 比特数据要经过的路由器的数量。E_{Rbit} 和 E_{Lbit} 分别指的是路由器和物理通道的比特能耗。

基于以上模型，问题描述为：给定多核流处理器的架构参数、流程序图 $G = (V, E)$、数据流参数和核心参数，问题的目的是将流程序扩展成同构多线程，寻找核心到时间表的映射和调度，目标最大化运算单元利用率 $U_{\text{au}, k}$，并在保证运算单元利用率最大化的前提下降低能耗。

多核处理器的任务映射和调度是一个 NP 难度的问题[28-33]，而且该问题由于并行核心的分配变得更加复杂。由于不能优化核心的联合，不能直接使用过去的映射和调度策略。此处介绍了一种启发式策略，目的在于获得有效的核心映射和调度。

图 4.16 显示了编译框架，它包括 3 个阶段。首先同构多线程流程序的线程数目被选择来有效地利用丰富的处理核资源和核内运算单元；然后核心映射(包括核心分组、核心组映射和核心迁移)用于将核心分配到每个流处理核的时间表中；最后，流调度用于设置软件流

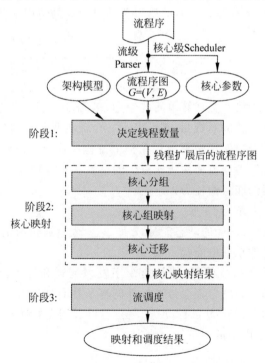

图 4.16　计算资源利用率感知的编译框架

水阶段和优化片上流存储器的使用。

不同于前文所述线程数量的确定,多核架构下既要提供足够的线程数量来开发利用每个 VLIW 架构的运算单元,又要考虑到计算核的使用。线程数量的确定算法如图 4.17 所示,初始的线程数量 N_{th}^0 为:

$$N_{th}^0 = \left\lceil \frac{N_x \cdot N_y}{|V|} \right\rceil \cdot \left\lfloor \frac{N_s}{\min_{v \in V} SN_v} \right\rfloor \tag{4.25}$$

式(4.25)的第一部分表示能保证每个处理核能分配到至少一个核心的最小线程数,第二部分则是最大的可联合并行核心的数目。

线程数量确定算法(Thread Number Determination)

输入:图 $G=(V,E)$ 和核心参数(kernel parametes)

输出: N_{th} 线程的数量

$N_{th} \leftarrow N_{th}^0$; $BV \leftarrow 0$;

扩展流图至 N_{th} 线程

while *ture* **do**

    降序排列所有未分配的核心(kernels)

    for 未分配的核心(kernels)v_m do

        以最小 CL^{ab} 分配 v_m 至核(core)

    end for

$BV_0 \leftarrow BV$; $BV_0 \leftarrow$ 式(4.25)

if $BV > \alpha$ **then**

    结束;

else if $BV < BV_0$ **then**

    $N_{th} \leftarrow N_{th} - 1$; 结束;

end if

$N_{th} \leftarrow N_{th} + 1$; //增加新线程至流图

end while

图 4.17 线程数量确定算法

算法估计当前的线程数量能否为下阶段的编译提供足够的机会,进而有效利用处理器核资源。这个评估过程采用的是一种不考虑通信开销情况下的负载均衡划分办法来将核心函数快速地分配到处理核中。v_m 表示第 m 个线程的核心函数 v,ab 表示处理核的位置,CL^{ab} 指的是核 ab 的计算负载。

定义 4.6:处理核 ab 的计算负载定义为被分配到核 ab 的所有核心的粒度之和。

负载均衡评估值 BV 被用来评估计算负载的分布。BV 定义为：

$$BV = \frac{\min(CL^{ab})}{\max(CL^{ab})}, \quad 0 \leqslant a \leqslant N_x, 0 \leqslant b \leqslant N_y \qquad (4.26)$$

$\min(CL^{ab})$ 表示最小的计算负载，$\max(CL^{ab})$ 表示最大的计算负载。如果负载均衡评估值 BV 大于用户定义的阈值 α，算法将输出 N_{th} 作为线程的数目；如果当前负载均衡值 BV 小于它的前一个值，算法则输出 $N_{th}-1$。否则算法增加一个线程然后重复该估计过程。此处，α 的值被设置为 0.75，这是因为过大的 α 将带来庞大的线程数量，从而导致非常高的编译复杂度，而过小的 α 又不能获得有效的负载分布。

4.4.2 核心映射与调度优化

线程数量被确定后，同构多线程的流程序被构建。核心映射将同构多线程流程序的核心分配到时间表中。核心映射分为 3 步，如图 4.18 所示，第 1 步为核心分组，第 2 步为核心组映射，第 3 步为核心迁移。

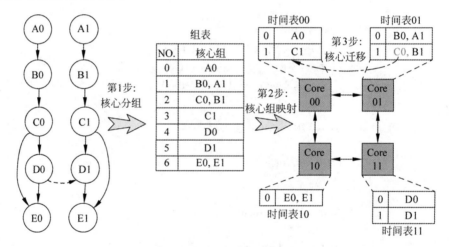

图 4.18　核心函数映射过程

核心分组是将同构多线程流程序的核心分配到一个统一的时间表中，被分配到统一时间表的同一个时间步的多核核心称作一个核心组。核心组中的核心是并行的，且它们所需要的总输入输出流小于 VLIW 流处理核所能支持的输入输出流数目。核心分组的目标是最小化所有核心组的粒度之和。

本节继续沿用时间步分配策略来将核心分配到组表中。因为核重排序带来了比较高的时间复杂度，加上更多的 VLIW 流处理核导致了需要更多的线程，为了在编译时间和调度结果之间获得折中，本节的核心分组没有采用核心重排序。

本节提出了一种层次化的基于 ILP 的核心组映射方法，目的在较低的编译时间中获得有效的核心组映射。基于片上网络的多核流处理器被看成是一个顶层核模块，一个核模块由多个流处理核组成，如图 4.19(a) 所示。

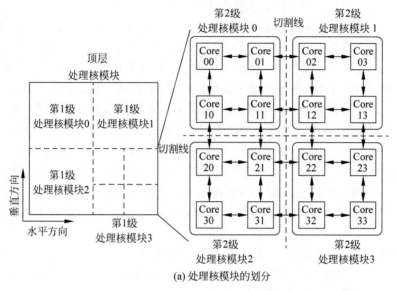

(a) 处理核模块的划分

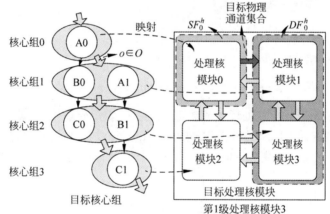

(b) 将核心函数组映射到处理核模型中

图 4.19 层次化核心函数组映射示例

首先,顶层处理核模块被分成了几个第 1 级(first-level)的处理核模块,基于 ILP 的映射将所有的核心组分配到那些第 1 级处理核模块中。然后将每个第 1 级处理核模块划分成多个第 2 级处理核模块,映射到某个第 1 级处理核模块的核心组被分配到其相应的第 2 级处理核模块中。重复这个过程直到所有的处理核模块不能再拆分。最后,核心组被映射到每个处理核中。

规则 4.2:一个处理核模块只有当其水平尺寸或垂直尺寸大于 m 时才能被拆分。处理核模块的水平尺寸表示水平方向上的处理核数目,处理核模块的垂直尺寸表示垂直方向上的处理核数目。实现中,根据经验可以将 m 设置为 3。

图 4.19(a)给出了处理核模块的划分示例。如果当前处理核模块的水平尺寸大于 m,

一条垂直切割线被引入来将当前处理核模块的水平尺寸平均分成两部分。如果处理核模块的水平尺寸是奇数,如 $2x+1(x \in N)$,则水平尺寸被划分成 x 和 $x+1$。同样的操作被用来引入水平切割线将垂直尺寸划分为两部分。当引入切割线后,下一级的处理核模型即形成,如图 4.19(a)所示,4×4 的第 1 级处理核模块 3 被划分成了 4 个第 2 级处理核模块。

接下来将介绍基于 ILP 的核心组映射模型。由于有状态核心的不同副本不能并行地在多个处理核并行运行,所以为了确保有状态核心的不同副本被映射到同一个处理核内,在进行核心组映射之前,我们将有状态核心不同副本所在的核心组合并成一个统一的核心组。集合 R 被定义来表示所有的核心组。一个核心组表示成 $r \in R$,目标核心组被表示成一个集合 $T(T \subset R)$。集合 O 被定义来包含连接核心函数组集合 T 的所有的通信,一个通信 $o = (r_i, r_j) \in O$ 表示从核心函数组 r_i 到核心函数组 r_j 的所有流。每个核心组有一个估计的粒度,表示为 Grain_r,每个通信 o 有其通信量 $C(o)$,表示通信 o 中所有流的 RecLen_e 的和。

图 4.19(b)显示了映射目标核心组到处理核模块的例子。目标处理核模块被表示成一个集合 W,定义 0-1 变量 x_r^w 表示核心组 r 被映射到处理核模块 $w \in W$,由于一个核心组只能被映射到一个处理核模块,所以有:

$$\sum_{w \in W} x_r^w = 1, \quad \forall r \in T \tag{4.27}$$

然后计算核负载 CL^{ab} 为:

$$CL^{ab} = \frac{1}{|w|} \cdot \sum_{r \in T} (x_r^w \cdot \text{Grain}_r), \quad ab \in w, w \in W \tag{4.28}$$

其中,$|w|$ 表示核模块 w 中流处理核的数量,$ab \in w$ 表示处理核 ab 属于模块 w。

定义 4.7:给定片上网络的一个物理通道 l 和要经过物理通道 l 的流通信集合,物理通道负载 LL^l 表示该流通信集合中的所有流的一个记录都通过物理通道 l 时所需要的时钟周期数,物理通道负载 LL^l 计算方程为:

$$LL^l = \frac{1}{BW \cdot |h|} \sum_{o \in O} (p_o^h \cdot C(o)), \quad l \in h, h \in H \tag{4.29}$$

其中,H 是一个集合,其包含了所有目标核模块之间的物理通道集合 h。一个物理通道集合 h 由它的源核模块到目的核模块之间的物理通道组成,一个目标物理通道集合如图 4.19(b)所示,它包含了图 4.19(a)中从处理核 01 到处理核 02 的物理通道和从处理核 11 到处理核 12 的物理通道。这里从一个处理核到另一个处理核的物理通道表示路由器直接的物理通道。$l \in h$ 意味着物理通道 l 属于物理通道集合 h。$|h|$ 是集合 h 中物理通道的数量。p_o^h 是 0-1 变量,1 表示通信 $o = (r_i, r_j)$ 通过物理通道集合 h,0 则表示通信 $o = (r_i, r_j)$ 不通过物理通道集合 h。p_o^h 的关系式为:

$$\begin{cases} p_o^h \leqslant s_{r_i}^h \\ p_o^h \leqslant d_{r_j}^h \\ p_o^h \geqslant s_{r_i}^h + d_{r_j}^h - 1 \end{cases}, \quad o = (r_i, r_j) \in O \tag{4.30}$$

$s_{r_i}^h$ 和 $d_{r_j}^h$ 都是 0-1 变量,核心组 r_i 被分配到物理通道集合 h 的源区域,$s_{r_i}^h = 1$,否则 $s_{r_i}^h = 0$;核心组 r_j 被分配到物理通道集合 h 的目的区域,$d_{r_i}^h = 1$,否则 $d_{r_i}^h = 0$。

定义 4.8:给定一个确定性的路由策略和一个目标物理通道集合 h,如果要使通信 $o = (r_i, r_j) \in O$ 经过目标物理通道集合 h,则源区域(目的区域)指的是核心组 $r_i(r_j)$ 必须被映射到的核模块的集合。物理通道集合 h 的源区域(目的区域)由当前级别的核模块集合 $SF_0^h(DF_0^h)$ 和前一级别的核模块集合 $SF_1^h(DF_1^h)$ 组成。

图 4.19(b)显示了 X-Y 路由策略下目标物理通道集合的 SF_0^h 和 DF_0^h,SF_1^h 包含了图 4.19(a)中的第一级核模块 2,而 $DF_1^h = \varnothing$。只要核心组 r_i 被映射到 $SF_0^h \bigcup SF_1^h$ 且核心组 r_j 被映射到 $DF_0^h \bigcup DF_1^h$,那么通信 $o = (r_i, r_j) \in O$ 经过该目标物理通道集合。根据源区域和目的区域的定义,$s_{r_i}^h$ 和 $d_{r_j}^h$ 被计算为

$$s_{r_i}^h = \begin{cases} y_{r_i}^h, & r_i \notin T \\ \sum_{w \in SF_0^h} x_{r_i}^w, & r_i \in T \end{cases} \tag{4.31}$$

$$d_{r_j}^h = \begin{cases} z_{r_j}^h, & r_j \notin T \\ \sum_{w \in DF_0^h} x_{r_j}^w, & r_j \in T \end{cases} \tag{4.32}$$

如果核心组 r 被分配到 $SF_1^h(DF_1^h)$,$y_r^h(z_r^h) = 1$,否则 $y_r^h(z_r^h) = 0$。当完成上一级核模块的核心组映射时,y_r^h 和 z_r^h 都是常量。核心组的映射目标是为了最小化最大的负载(包括计算核负载和物理通道负载),目标表示为:

$$\text{Minimize}\{\max(CL^{ab}, LL^l)\}, \quad ab \in w, w \in W, l \in h, h \in H \tag{4.33}$$

当基于 ILP 的核心组映射用于核心组分配到处理核时,每个处理核被当成一个核模块,每个物理通道被当成一个物理通道集合。核心组映射到每个流处理核内后,处理核对应的时间表也将形成,核心组在每个时间表中的顺序与它们在组中的顺序保持一致。

核心迁移用于继续减小最大负载和优化通信能耗。核心的迁移有两种方式:一种方式是将核心从一个核心组迁移到另一个核心组;另一种方式是迁移出核心组形成独立的核心。核心从一个核心组到另一个核心组必须满足其迁移区域。

定义 4.9:核心 v 的迁移区域指的是组表中的一个范围,这个迁移区域是从核心 v 的前驱核心所在时间步的下一个时间步开始到其继任核心所在时间步的上一个时间步为止。当核心 v 迁移到另一个核心组时,它在组表中的迁移要在迁移区域内部。

核心迁移的实例如图 4.20(a)所示。由于核心 C0 的前驱核心和继任核心分别为 B0 和 D0,所以核心 C0 的迁移区域是从统一时间表中的第 2 时间步到第 4 时间步。在这个例子中,核心 C0 被迁移到了计算核 01 的核心组,该核心组对应统一时间表的第 2 个时间步。迁

移区域这个限制是为了防止核心组在迁移过程中出现闭环依赖关系。

图 4.20(b) 给出了来描述迁移出核心组形成独立的核心的实例。核心函数可以在这种方式下迁移到任何一个计算核内。将核心迁移出当前组并形成独立的核心后，一个新的时间步被插入当前组的后面。在图 4.20(a) 的例子中，计算核 10 的核心 C0 被移动到计算核 01 作为一个独立的核心。相应地，把一个新的包含了核心 C0 的时间步（时间步 5）加入统一时间表中。

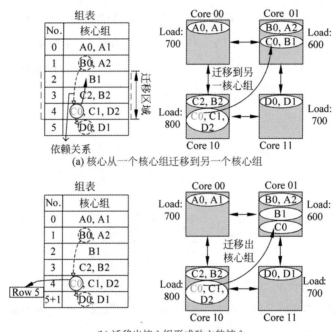

(a) 核心从一个核心组迁移到另一个核心组

(b) 迁移出核心组形成独立的核心

图 4.20 核心迁移

图 4.21 的第一部分移动核心来继续降低最大负载。如果计算核 ab 导致了最大负载，则调用 CoreLoad_Migrate(ab) 计算核 ab 的几个核心移动到另一个计算核。如果物理通道 l 导致了最大的负载，调用函数 LinkLoad_Migrate(l) 迁移一个输入流或输出流经过物理通道 l 的核心。如果某个核心的移动能降低最大负载，则该核心迁移是有效的，否则无效。函数 CoreLoad_Migrate(ab) 和函数 LinkLoad_Migrate(l) 的详细说明如下：

第 1 步：如果 CoreLoad_Migrate(ab) 被调用，计算核 ab 中具有最大粒度的核心 v 被选择。如果 LinkLoad_Migrate(l) 被调用，找到经过物理通道 l 且具有最大 $RecLen_e$ 的数据流。然后与该数据流相连且离物理通道 l 最近的核心被选择。

第 2 步：尝试移动核心 v 到另一个核心组和移动核心 v 成为独立核心。如果有效的移动存在，输出其中能最大地降低最大负载的核心迁移，否则回到第 1 步并且忽略掉核心 v。如果所有与某个数据流相连的核心被忽略了，该数据流也被忽略。

图 4.21 算法的第 2 部分是交换核心组来优化通信能耗。调用函数 MinDist_Swap(r)，该函数将尝试交换核心组 r 与所有其他的核心组的位置，然后能带来最小通信能耗的核心组交换被选择。图 4.21 算法的第 3 部分用来迁移核心来获得优化的通信能耗。重复执行函数 MinDist_Migration(v)，它重复迁移核心 v 到另一个核心组或是移出当前组形成独立的核心，然后能带来最小通信能耗的核心迁移被选择。第 2 和第 3 部分中核心组的交换和核心的迁移必须保证最大负载不会增加。

当完成了核心的映射后，核心指令调度器被用来给每个核心组执行核心联合编译。核心联合后，每个核心组的真实粒度可以获得，且所有计算核负载被重新计算。

算法: 核心迁移（kernel migration）

输入:核心组表（group table）和核心组映射结果

输出:最终核心组表（final group table）和核心映射

repeat

    寻找具有最大负载（CL^{ab} 或 LL^l）的计算核（core）ab 或物理通道（link）l

    if 计算核（core）ab 找到 **then**

      CoreLoad_Migrate(ab);

    else if 物理通道（link）l 找到 **then**

      LinkLoad_Migrate(l);

    end if

until 不能找到有效迁移

for 每个核心组（kernel group）r**do**

    MinDist_Swap(r);

end for

图 4.21 核心迁移算法

图 4.22 描述了流调度的过程。粗粒度的流级软件流水被用来交叠计算和通信。首先流级软件流水的阶段数被初始化。一个数据流的阶段数不能小于它的生产者核心函数，且不能大于它的消费者核心函数。如果两个相连的核心组被分配到两个不同的计算核，它们的中间流所分配的阶段数和两个相连的核心组其中任意一个的阶段数的距离不能小于 1。这是为了尽可能地通过核心的执行掩盖所有的流通信。根据以上软件流水阶段数的设置规则，图 4.22 的算法会搜索所有的核心函数组，并尽可能最小地设置这些核心组和它们之间的数据流的阶段数。

然后，图 4.22 的算法将计算每个线程的优化的流分段长度 L_{seg}^{opt}，该流分段的长度在假设每个 VLIW 流处理核内流寄存器无限大的情况下能带来最小的执行时间。由于一个流程序的输入流足够长，所以可保证流级软件流水的稳态执行，所以总的执行时间 T_{prog} 为：

$$T_{\text{prog}} = \sum_{i=0}^{g-1}(ST_{0,i} + II_{0,i} \cdot L_{\text{seg}}) + \sum_{i=1}^{g}(ST_{i,g} + II_{i,g} \cdot L_{\text{seg}}) +$$

$$(ST_{0,g} + II_{0,g} \cdot L_{\text{seg}}) \cdot \left(\frac{S_{\text{in}}}{N_{\text{th}} \cdot L_{\text{seg}}} - g\right) \tag{4.34}$$

其中，g 是最大的阶段数，$II_{i,j}$ 是当第 i 个软件流水阶段到第 j 个软件流水阶段执行时的最大负载。如果一个计算核导致了 $II_{i,j}$，$ST_{i,j}$ 等于该计算核内处于第 i 到第 j 阶段数的核心函数组总的启动开销。如果一个物理通道导致了 $II_{i,j}=0$。式(4.34)的第一项和第二项表示软件流水的填充时间和排空时间。第三项则是稳态执行时间。

流调度算法（stream scheduling）

输入: 核心映射（kernel mapping）结果

输出: 软件流水阶段数，流分段长度 L_{seg}

初始化软件流水阶段数；

计算 $L_{\text{seg}}^{\text{opt}}$；

计算每个计算核（core）的 MR^{ab}；

if $\max(MR^{ab}) \cdot L_{\text{seg}}^{\text{opt}} > \text{Mem}$ **then**

调度软件流水阶段分配和联合核心函数的执行顺序；

调整核间通信的软件流水阶段数降低 $\max(MR^{ab})$；

计算 $L_{\text{seg}}^{\text{max}}$；

if $L_{\text{seg}}^{\text{max}} < L_{\text{seg}}^{\text{opt}}$ **then**

$L_{\text{seg}} \leftarrow L_{\text{seg}}^{\text{max}}$

else then

$L_{\text{seg}} \leftarrow L_{\text{seg}}^{\text{opt}}$

end if

end if

图 4.22 流调度算法

定理 4.1: 最小化式(4.34)中总执行时间的最优流分段长度 $L_{\text{seg}}^{\text{opt}}$ 为:

$$L_{\text{seg}}^{\text{opt}} = \begin{cases} 1, & ST_{0,g} = 0 \\ \sqrt{\dfrac{ST_{0,g} \cdot S_{\text{in}}}{A \cdot N_{\text{th}}}}, & ST_{0,g} \neq 0 \end{cases} \tag{4.35}$$

其中,有:

$$A = \sum_{i=0}^{g-1}(II_{0,i} + II_{i+1,g}) - II_{0,g} \cdot g$$

证明：首先，计算式(4.34)对 L_{seg} 的求导，求导结果为：

$$\frac{\mathrm{d}T_{\text{prog}}}{\mathrm{d}L_{\text{seg}}} = \sum_{i=0}^{g-1}(II_{0,i} + II_{i+1,g}) - II_{0,g} \cdot g - \frac{ST_{0,g} \cdot S_{\text{in}}}{L_{\text{seg}}^2}$$

根据 $II_{i,j}$ 的定义有，$(II_{0,i} + II_{i+1,g}) \geqslant II_{0,g}$，所以有：

$$A = \sum_{i=0}^{g-1}(II_{0,i} + II_{i+1,g}) - II_{0,g} \cdot g \geqslant 0$$

如果 $ST_{0,g} = 0$，可以得到：

$$\frac{\mathrm{d}T_{\text{prog}}}{\mathrm{d}L_{\text{seg}}} = A \geqslant 0$$

所以，当 L_{seg} 等于其最小值时($L_{\text{seg}} = 1$)，T_{prog} 被最小化。

如果 $ST_{0,g} \neq 0$，可以确定是某个计算核导致了最大的负载 $II_{0,g}$。由于第 0 个软件流水阶段和第 g 个软件流水阶段是用来分别传输流程序的输入数据流和输出数据流，可以得到 $II_{0,g} = II_{1,g-1}$，$(II_{0,0} + II_{1,g}) > II_{1,g-1}$ 和 $(II_{0,g-1} + II_{g,g}) > II_{1,g-1}$，所以有：

$$A = \sum_{i=0}^{g-1}(II_{0,i} + II_{i+1,g}) - II_{0,g} \cdot g > 0$$

当 $\mathrm{d}T_{\text{prog}}/\mathrm{d}L_{\text{seg}} = 0$ 时，T_{prog} 被最小化，所以有：

$$L_{\text{seg}}^{\text{opt}} = \sqrt{\frac{ST_{0,g} \cdot S_{\text{in}}}{N_{\text{th}} \cdot A}}$$

图 4.22 算法的第 3 行计算每个流处理核的基本存储要求 MR^{ab}。定义基本存储要求为每条流分段只有一个记录(record)时的片上流寄存器使用量。图 4.23(a)显示了一个流处理核内核心函数组和他们初始软件流水阶段分配。一个流处理核的基本存储要求包括输入流缓冲、输出流缓冲和立即流缓冲。缓冲核心函数组 r 的输入流 e 的所需的片上存储容量计算为 $(S_r - S_e) \times \text{RecLen}_e$，其中 S_r、S_e 分别是核心函数组 r 和流 e 的软件流水阶段数。缓冲核心函数组 r 的输出流 e 的所需的片上存储容量计算为 $(S_e - S_r) \times \text{RecLen}_e$。立即流表示一个稳态执行中正在被消费和生产的数据流。缓冲立即流所需要的片上存储容量由某个联合函数执行所具有的最大立即流数据量所决定。联合函数执行的立即流包括正在被消费的数据流、未被消费的数据流和正在生产的数据流。例如，图 4.23(a)的核心组 3 拥有最大的立即流数据量(e_3、e_4、e_5 和 e_6)。所以核心组 3 决定了片上存储的需求，该例中，MR^{ab} 为 $\sum \text{RecLen}_e = 35$。

如果每个流处理核的片上流寄存器容量不够缓冲 $L_{\text{seg}}^{\text{opt}}$ 长度的流分段(图 4.22 算法的第 4 行)，软件流水阶段分配和联合核心函数的执行顺序被调度(图 4.22 算法的第 5 行)。

第 1 步：寻找流处理核内具有不同软件流水阶段的相连两个联合核心，找到相连的数据流具有最大 RecLen$_e$ 的一对相连联合核心。尽可能大地增加前一个联合核心的软件流水阶段数,如果 MR^{ab} 被减小,保留此次软件流水阶段的调整。忽略掉该对联合核心函数之间的数据流,重复第 1 步直到找不到相连的联合核心函数。图 4.23(b)显示了根据第 1 步调整软件流水阶段数的例子,该图中,联合核心函数 2 和数据流 e_3 的软件流水阶段数被增加到了 $x+1$。然后输入流缓冲 e_3 变成了 e_2,MR^{ab} 被减小到了 33。

第 2 步:找到立即流具有最大 $\sum C_{e,i}$ 的核心组 r,在保持依赖关系正确的前提下尝试与其他所有可能的核心组进行位置交换,并最终选择能带来最小 MR^{ab} 的核心组交换操作。重复第 2 步直到没有可以带来更小的 MR^{ab} 为止。在图 4.23(c)中,核心组 2 与核心组 3 的位置进行了交换,MR^{ab} 降到了 31。

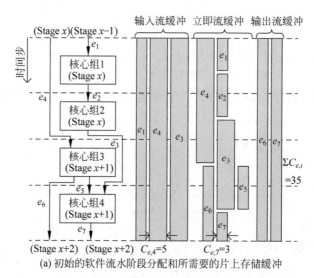

(a) 初始的软件流水阶段分配和所需要的片上存储缓冲

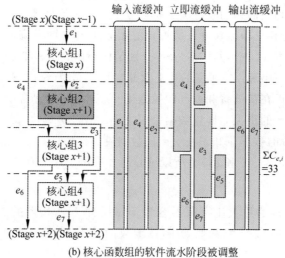

(b) 核心函数组的软件流水阶段被调整

图 4.23　软件流水阶段分配和执行顺序调度

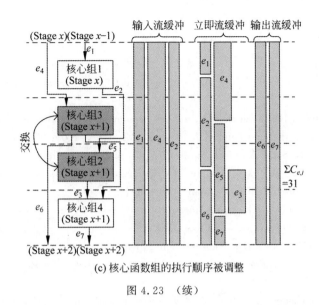

(c) 核心函数组的执行顺序被调整

图 4.23 （续）

图 4.22 算法的第 6 行是调整核间通信的软件流水阶段数来降低 $\max(MR^{ab})$。这里使用了文献[14]的方法在不同的流处理核之间移动输入输出流缓冲，从而降低 $\max(MR^{ab})$。完成这步后，最大的流分段长度（图 4.22 算法的第 7 行）的计算为：

$$L_{\text{seg}}^{\max} = \frac{N_{\text{reg}}}{\max(MR^{ab})} \tag{4.36}$$

比较 $L_{\text{seg}}^{\max}$ 和 $L_{\text{seg}}^{\text{opt}}$ 的大小，选择输出具有更小值的流分段长度。

4.5 小结

本章主要介绍 VLIW 处理器核运算资源优化技术，提出了一种基于流程序同构多线程和核心联合的调度策略来提高 VLIW 流架构的运算单元利用率。整个调度策略由 3 个阶段（Phase）组成，包括利用线程的复制建立同构多线程的流程序，采用核心的时间步分配降低总的核心执行时间，以及通过数据流分段决定一个有效的流分段长度优化外部存储访问开销和核心启动开销。还介绍了一种运算单元利用率感知的核心映射和调度策略，目标提高片上网络多核 VLIW 流处理器的运算单元利用率，同时考虑能量消耗。本章核心映射调度由 3 个阶段组成：

（1）第 1 阶段选择提供足够的线程数量来尽可能地充分使用处理核资源和核内运算单元；

（2）第 2 阶段为三步的核心映射，包括核心分组、核心组映射和核心迁移，该阶段目标为最大化运算单元利用率，同时降低能量消耗；

（3）第 3 阶段为流调度优化，通过流级软件流水调度和片上流存储器的使用优化来最小化流程序的执行时间。

参考文献

[1] Khailany B, Dally W, Kapasi U, et al. Imagine: Media Processing with Streams[J]. IEEE Micro, 2001, 21(2): 35-46.

[2] Dally W, Labonte F, Das A, et al. Merrimac: Supercomputing with Streams[C]//Proceedings of the ACM/IEEE Supercomputing Conference, Phoenix, AZ, USA, 2003: 35-42.

[3] Taylor M, Psota J, Saraf A, et al. Evaluation of the RAW Microprocessor: An Exposed-Wire-DelayArchitecture for ILP and Streams [C]//Proceedings of the International Symposium on Computer Architecture, Munich, Germany, 2004: 2-13.

[4] Kahle J, Day M, Hofstee H, et al. Introduction to the Cell Multiprocessor[J]. IBM Journal of Research and Development, 2005, 49(4.5): 589-604.

[5] Rixner S, Dally W, et al. A Bandwidth-efficient Architecture for Media Processing[C]//Proceedings of the IEEE/ACM International Symposium on Microarchitecture (MICRO), Dallas, Texas, USA, 1998: 3-13.

[6] Young I, Bell R, Hennessy J, et al. Microprocessors in the Year 2000[C]//Proceedings of the IEEE International Solid-State Circuits Conference, San Francisco, CA, USA, 1993: 202-203.

[7] Takayanagi T, Sawada K, Sakurai T, et al. Embedded Memory Design for a Four Issue Superscaler RISC Microprocessor[C]//Proceedings of the IEEE Custom Integrated Circuits Conference, San Diego, CA, USA, 1994: 585-590.

[8] Matton P, Dally W, Rixner S, et al. Communication Scheduling [C]//Proceedings of the International Conference on Architectural Support for Programming Languages and Operating Systems, Cambridge, MA, USA, 2000: 82-92.

[9] Ha S, Lee E. Compile-Time Scheduling and Assignment of Data-Flow Program Graphs with Data-Dependent Iteration[J]. IEEE Transactions on Computers, 1991, 40(11): 1225-1238.

[10] Lee E, Messerschmitt D. Static Scheduling of Synchronous Data Flow Programs for Digital Signal Processing[J]. IEEE Transactions on Computers, 1987, 36(1): 24-35.

[11] Gummaraju J, Rosenblum M. Stream Programming on General-Purpose Processors [C]// Proceedings of the IEEE/ACM International Symposium on Microarchitecture (MICRO), Barcelona, Spain, 2005: 343-354.

[12] Liao S, Du Z, Wu G, et al. Data and Computation Transformations for Brook Streaming Applications on Multiprocessors [C]//Proceedings of the International Symposium on Code Generation and Optimization, New York, NY, USA, 2006: 196-207.

[13] Choi Y, Lin Y, Chong N, et al. Stream Compilation for Real-time Embeded Multicores Systems [C]//Proceedings of the International Symposium on Code Generation and Optimization, Seattle, WA, USA, 2009: 210-220.

[14] Hormati A, Choi Y, Kudlur M, et al. Flextream: Adaptive Compilation of Streaming Applications for Heterogeneous Architectures [C]//Proceedings of the International Conference on Parallel Architectures and Compilation Techniques, Raleigh, NC, USA, 2009: 214-223.

[15] Che W, Panda A, Chatha K. Compilation of Stream Programs for Multicore Processors That Incorporate Scratchpad Memories[C]//Proceedings of the Design, Automaton and Test in Europe

Conference(DATE), Dresden, Germany, 2010: 1118-1123.

[16] Che W, Chatha K. Compilation of Stream Programs onto Scratchpad Memory Based Embedded Multicore Processors Through Retiming[C]//Proceedings of the Design Automation Conference (DAC), San Diego, CA, USA, 2011: 122-127.

[17] Che W, Chatha K. Unrolling and Retiming of Stream Applications onto Embedded Multicore Processors[C]//Proceedings of the Design Automation Conference (DAC), San Francisco, CA, USA, 2012: 1268-1273.

[18] Radojkvic P, Carpenter P, Moreto M, et al. Kernel Partitioning of Streaming Applications: A Statistical Approach to an NP-complete Problem[C]//Proceedings of the IEEE/ACM International Symposium on Microarchitecture (MICRO), Vancouver, BC, Canada, 2012: 401-412.

[19] Wang Y, Liu D, Qin Z, et al. Optimally Removing Intercore Communication Overhead for Streaming Applications on MPSoCs[J]. IEEE Transactions on Computers, 2013, 62(2): 336-350.

[20] Wang Y, Shao Z, Chan H, et al. Memory-Aware Task Scheduling with Communication Overhead Minimization for Streaming Applications on Bus-Based Multiprocessor System-on-Chips[J]. IEEE Transactions on Parallel and Distributed Systems, 2014, 25(7): 1797-1807.

[21] Gordon M, Thies W, Karzmarek M, et al. A Stream Compiler for Communication-Exposed Architectures[C]//Proceedings of the International Conference on Architectural Support for Programming Languages and Operating Systems (ASPLOS), San Jose, CA, USA, 2002: 291-303.

[22] Gordon M, Thies W, Amarasinghe S. Exploiting Coarse-Grain Task, Data, and Pipeline Parallelism in Stream Programs[C]//Proceedings of the International Conference on Architectural Support for Programming Languages and Operating Systems (ASPLOS), San Jose, CA, USA, 2006: 151-162.

[23] Chien S, Tsao Y, Chang C, et al. An 8.6mW 25 Mvertices/s 400-MFLOPS 800-MOPS 8.91mm^2 Multimedia Stream Processor Core for Mobile Applications[J]. IEEE Journal of Solid-State Circuits (JSSC), 2008, 43(9): 2025-2035.

[24] Das A, Dally W, Mattson P. Compiling for Stream Processing[C]//Proceedings of the International Conference on Parallel Architectures and Compilation Techniques, Seattle, WA, USA, 2006: 33-42.

[25] Matton P, Dally W, Rixner S, et al. Communication Scheduling[C]//Proceedings of the International Conference on Architectural Support for Programming Languages and Operating Systems, Cambridge, MA, USA, 2000: 82-92.

[26] Du J, Yang C, Ao F, et al. OSS: Efficient Compiler Approach for Selecting Optimal Strip Size on the Imagine Stream Processor[C]//Proceedings of the International Conference on Advanced Information Networking and Applications, Okinawa, Japan, 2008: 337-342.

[27] Ye T, Benini L, Micheli G. Packetized On-chip Interconnect Communication Analysis for MPSoC [C]//Proceedings of the Design, Automation and Test in Europe Conference and Exhibition (DATE), Munich, Germany, 2003: 344-349.

[28] Lee J, Chung M, Cho Y, et al. Mapping and Scheduling of Tasks and Communications on Many-Core SoC Under Local Memory Constraint[J]. IEEE Transactions on Computer-Aided Design of Integrated Circuits and Systems, 2013, 32(11): 1748-1761.

[29] Singn A, Shafique M, Kumar A, et al. Mapping on Multi/Many-core Systems: Survey of Current and Emerging Trends[C]//Proceedings of the Design Automation Conference (DAC), Austin, TX, USA, 2013: 1-10.

[30] Jahn J，Pagani S，Kobbe S，et al. Optimizations for Configuring and Mapping Software Pipelines in Many Core Systems[C]//Proceedings of the Design Automation Conference (DAC)，Austin，TX，USA，2013：1-8.

[31] He O，Jang W，Bian J，et al. UNISM：Unified Scheduling and Mapping for General Networks on Chip[J]. IEEE Transactions on Very Large Scale Integration (VLSI) Systems，2012，20(8)：1496-1509.

[32] Sahu P，Shah T，Manna K，et al. Application Mapping onto Mesh-Based Network-on-Chip Using Discrete Particle Swarm Optimization[J]. IEEE Transactions on Very Large Scale Integration (VLSI) Systems，2014，22(2)：300-312.

[33] Chou C，Marculescu R. Run-time Task Allocation Consideration User Behavior in Embedded Multiprocessor Networks-on-Chip[J]. IEEE Transactions on Computer-Aided Design of Integrated Circuits and Systems，2010，29(1)：78-81.

第5章

基于片上网络的通信优化

5.1 片上网络混合策略

片上网络混合策略的基本原理可描述为：虚拟电路交换机制利用虚拟通道（Virtual Channel，VC）来组织成多个可共享同一个物理通道的虚拟电路交换连接，且虚拟电路交换（Virtual Circuit Switched，VCS）连接与包交换（Packet Switched，PS）连接和电路交换（Circuit Switched，CS）连接配合来传输流数据。在混合策略的使用过程中，编译器根据已知的核间流通信情况，为每条已知流通信分配路径，并确定虚拟电路交换连接、电路交换连接和包交换连接。在流程序运行时，多核流处理器根据通信编译结果，通过将连接信息存入各路由器中来建立各交换连接，核间通信在各自对应的交换连接上进行传输。

片上网络混合策略如图 3.1 所示。图 3.1(a)显示了片上网络的通信例子，其中物理通道(1，2)、(7，11)和(8，4)分别被超过一个的通信所共享。(x, y)表示从路由器 x 到路由器 y 的物理通道。图 3.1(b)显示了使用传统混合策略[1-2]后的电路交换连接和包交换连接。包交换连接的路由器仅在数据头片（Head flit）到达才被配置。传统的包交换路由器操作流水线包括 BW、RC、VA、SA 和 ST。电路交换连接通过在每个路由器中记录输入端口到输出端口的连接关系来配置，它由物理通道和路由器来组成。一个物理通道可以被一个电路交换连接和多个包交换连接所共享。一旦传输在电路交换连接的数据片到达路由器，交叉开关被立即配置，该数据片直接通过旁路通道进入 ST 阶段。当没有电路交换连接的数据片时，路由器交叉开关相应的端口则释放给包交换连接。

图 5.1(c)显示了片上网络混合策略的虚拟电路交换连接、电路交换连接和包交换连接。虚拟电路交换连接通过在每个路由器中记录输入虚拟通道和输出虚拟通道的连接关系来配置，它由虚拟通道和路由器来组成。路由器在虚拟电路连接的数据片到达前，通过 SA 阶段被预配置。当数据片到达路由器后，数据片可直接通过交叉开关。因为虚拟电路交换连接建立在虚拟通道上，所以一个物理通道可最多被 n 个虚拟电路交换连接共享（n 等于每个物理通道对应的虚拟通道数量），而其他竞争该物理通道的通信必须通过包交换连接来执行，例如图 5.1(c)中从路由器 8 到路由器 4 的通信。

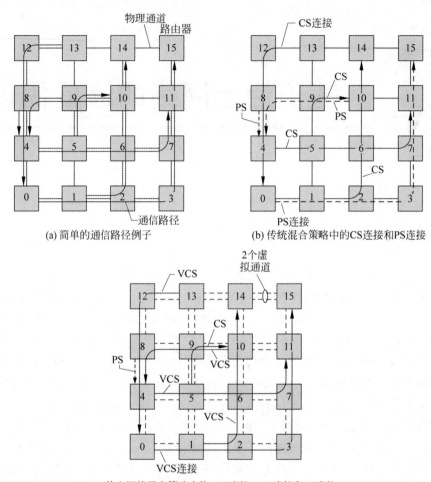

(a) 简单的通信路径例子　　　　(b) 传统混合策略中的CS连接和PS连接

(c) 片上网络混合策略中的VCS连接、CS连接和PS连接

图 5.1　混合策略在 4×4 网络(每条物理通道对应 2 个虚拟通道)的示例

5.2　片上网络延时和能耗建模

　　片上网络混合策略在编译阶段确定每个可见核间流通信的路径,并分配虚拟电路交换连接、电路交换连接和包交换连接,降低通信延时,同时降低通信能耗,下面介绍片上网络混合策略的路径分配算法。

　　因为平均数据包延时和能耗决定了片上网络的性能和功耗,所以路径分配算法优化平均数据包延时和数据包能耗。为进行优化,建立针对混合片上网络的延时和能耗模型。

　　首先定义了电路交换概率。

　　定义 5.1:给定片上网络中所有编译可知的通信,电路交换概率 p^c 表示一个数据片通过路由器时是虚拟电路交换或者是电路交换的概率。电路交换概率 p^c 的计算式为:

$$p^{c} = \frac{\sum_{i=1}^{|C|} IR_i^{\text{in}} \cdot H_i \cdot CS_i}{\sum_{i=1}^{|C|} IR_i^{\text{in}} \cdot H_i} \tag{5.1}$$

其中,$|C|$ 表示多核流处理器核间通信的数量,IR_i^{in} 表示通信 i 的注射率,H_i 代表通信 i 要经过的网络跳数(hop)。而 CS_i 是一个 0-1 变量,如果通信 i 传输在电路交换连接或虚拟电路交换连接上,则 $CS_i = 1$;否则,$CS_i = 0$。式(5.1)的分母代表每个时钟周期数据包通信的总跳数,其分子表示每个时钟周期传输在电路交换连接和虚拟电路交换连接的数据包通信总跳数。

基于电路交换概率的定义,数据包的平均通信延时 T_{ave} 为:

$$T_{\text{ave}} = D/\text{speed} + L/b + p^{c} \cdot H \cdot T_{\text{r,c}} + \\ (1 - p^{c}) \cdot H \cdot T_{\text{r,p}} + T_{\text{extra}} + T_c \tag{5.2}$$

其中,D 是通信的源节点到目的节点的平均距离,speed 表示数据在连线上的传输速度,L 是数据包的长度(单位:bit),b 是物理通道的带宽(单位:b/s),H 表示通信的平均跳数,$T_{\text{r,c}}$ 指的是虚拟电路交换和电路交换传输的路由器延时,而 $T_{\text{r,p}}$ 是包交换通信的路由器延时。式(5.2)的第 1 项对应数据在连线上的飞行时间,第 2 项为数据发送时间,第 3 项表示由电路交换和虚拟电路交换通信导致的平均路由器延时,第 4 项对应由包交换通信导致的平均路由器延时。由于 $T_{\text{r,c}}$ 仅包含通过交叉开关的延时,所以 $T_{\text{r,p}} > T_{\text{r,c}}$,所以更高的电路交换概率能带来更低的平均数据包延时 T_{ave}。式(5.2)的第 5 项 T_{extra} 表示额外的延时,这是因为虚拟电路交换连接的源节点在数据包传输之前需要一个额外的时钟周期来发送 VCS 信号。式(5.2)的第 6 项 T_c 是由通信竞争产生的延时。

片上网络混合策略的平均数据包传输能耗计算式为

$$E_{\text{ave}} = \frac{L}{W} \cdot D \cdot E_{\text{wire}} + \frac{L}{W} \cdot (1 - p^{c}) \cdot H \cdot E_{\text{r,p}} + \\ \frac{L}{W} \cdot p^{c} \cdot H \cdot E_{\text{r,c}} + E_{\text{extra}} \tag{5.3}$$

其中,W 是物理通道的宽度(单位:比特),E_{wire} 表示每单位长度的连线传输能耗,$E_{\text{r,p}}$ 表示一个数据片的包交换路由器流水线能耗,$E_{\text{r,p}}$ 是一个数据片的虚拟电路交换/电路交换流水线能耗。在式(5.3)中,第 1 项是由连线传输带来的平均能耗,第 2 项是由包交换机制带来的平均路由器能耗,第 3 项表示由电路交换或虚拟电路交换机制带来的平均路由器能耗。因为 $E_{\text{r,c}}$ 只含有通过交叉开关的能耗,而 $E_{\text{r,p}}$ 包含写缓冲器、路由计算、虚拟通道分配、交叉开关分配和交叉开关跨越的能耗,所以 $E_{\text{r,c}}$ 远小于 $E_{\text{r,p}}$。所以更高的电路交换概率可以带来更低的平均数据包传输能耗 E_{ave}。式(5.3)的第 4 项 E_{extra} 表示额外的能耗开销,它包含当虚拟电路交换传输的数据包遇到阻塞时的读写缓冲器能耗和 VCS 信号传输的能耗。

5.3 片上网络延时优化技术

5.3.1 虚拟电路交换片上网络路由器

为了同时支持虚拟电路交换连接、包交换连接和电路交换连接,路由器结构需要一些改动,如图 5.2 所示。与基本的包交换路由器[3] 比较,混合策略路由器需要的额外硬件开销包括旁路通道、电路配置存储和 VCS 状态存储。每个输入单元增加一个旁路通道来允许数据片可以直接通过交叉开关。每个输入单元包含一个 PS 状态存储和一个 VCS 状态存储。PS 状态存储对应基本包交换路由器的虚拟通道状态。而 VCS 状态存储用来支撑虚拟电路交换连接,通过设置 VCS 状态来建立虚拟电路交换连接。电路配置存储用来给电路交换连接存储物理通道的连接信息,通过设置电路配置单元来建立电路交换连接。

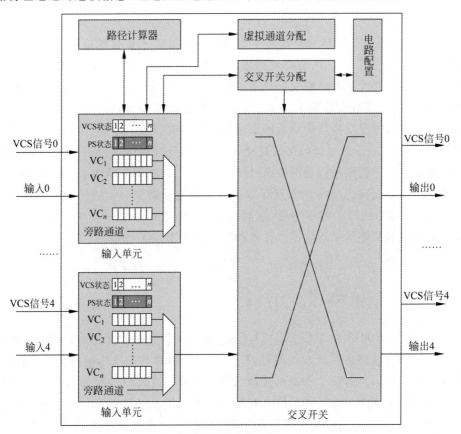

图 5.2 路由器结构

PS 状态和 VCS 状态都各自包含了 n 个域,对应 n 个虚拟通道。而且 n 个虚拟通道被虚拟电路交换连接和电路交换连接所共享。输出虚拟通道的信息被存储在 VCS 状态中用来表示哪个输出虚拟通道与当前输入虚拟通道相连。进入路由器的数据片根据 VCS 状态中对应的域直接跨越交叉开关。VCS 信号用来给虚拟电路交换连接预配置交叉开关。VCS 信号为 ($\log_2 n + 1$) 比特宽,包括一个虚拟通道辨别信息和 1bit 的有效位。VCS 信号不需要跨越交叉开关可直接由路由器输出端口生成。当交叉开关在 SA 阶段完成虚拟电路交换连接的配置后,VCS 信号直接被输出。

VCS 信号带来的额外开销是可忽略的。首先,VCS 信号只在虚拟电路交换连接上的交叉开关等待预配置时才被产生。鉴于低活动率的 VCS 信号,VCS 信号产生的额外能耗开销远小于通过旁路写缓冲器、寻径和仲裁带来的路由器能耗节省。第二,在两个虚拟通道的片上网络中,VCS 信号宽度为 2bit,与 1mm 长 128bit 宽的物理通道相比,其增加的面积小于 1.5%。而且,改动后的路由器已通过 Verilog 硬件描述语言实现。Verilog 的综合结果显示,与基本的包交换路由器相比,混合策略的路由器硬件开销仅增加 1.34%,且不会增加关键路径的延时。

通过编译来为流通信建立各交换连接优化通信延时,需了解各交换机制的操作。片上网络混合策略同时支持包交换、电路交换和虚拟电路交换。每个数据片中会增加 2bit 来表示数据片的交换类型,当数据片到达路由器时,这 2bit 信息将被首先检测,然后相应的交换机制流水线操作被执行。包交换和电路交换的流水线操作与传统的操作一样:包交换路由器的操作包括 BW、RC、VA、SA 和 ST[3],电路交换的流水线操作只有 ST[1-2]。本节重点介绍虚拟电路交换路由流水线操作。

图 5.3 显示了没有阻塞时的虚拟电路交换流水线操作,标签①②③④表示了时间上的顺序。首先在①时刻,VCS 信号在数据包的第一个数据片(Flit)跨越物理通道(Link Traversal,LT)前输入路由器中。由于路径信息和虚拟通道分配信息已由编译器分配且在运行时存储在 VCS 状态中,当 VCS 信号到达时(即②时刻),SA 阶段直接执行。此时,数据包的第一个数据片还未到达,且正处于 LT 阶段向路由器传输中。由于数据传输没有被阻塞,路由器的交叉开关成功被配置来为虚拟电路交换连接服务。同时一个信号发给相应的输入单元,告知待会到达的数据片可直接通过旁路通道进入交叉开关中。路由器的交叉开关分配器也告知对应的路由器输出端口发射一个 VCS 信号到下游路由器中。当数据片在③时刻到达路由器时,它直接跨越交叉开关到达路由器的输出端口。此时,由于输出 VCS 信号不需要跨越交叉开关,它直接通过物理通道传输到下一个路由器。从④时刻开始,后面跟着的虚拟电路交换数据片都可以直接通过路由器的交叉开关,且交叉开关的配置会保留到数据包的尾片通过为止。

图 5.4 显示了当数据包传输遇到阻塞时的虚拟电路交换流水线操作。在图 5.4 中,白色数据片在竞争路由器的输出端口时没有成功,而交叉开关被黑色数据片占据着。在①时刻,VCS 信号在白色数据片跨越物理通道(LT)之前进入路由器中。在②时刻,交叉开关分配器没有成功地为白色数据片配置交叉开关,此时对应的输入单元被告知通信阻塞,而输出 VCS 信号将不会被发射。VCS 状态的对应域被设置表示为需要输出 VCS 信号来预配置剩下的路由器。从③时刻开始,当白色数据片到达路由器时,它们都被存储在缓冲器中且白色数据片的传输被停止。然后,如果白色数据包里的数据片数量大于虚拟通道深度时,则跟着

的白色数据片由被压(Backpressure)控制缓存在上游路由器中,虚拟电路交换使用的被压控制包括基于信用(Credit-based)的流控制和开/关(ON/OFF)流控制[4]。

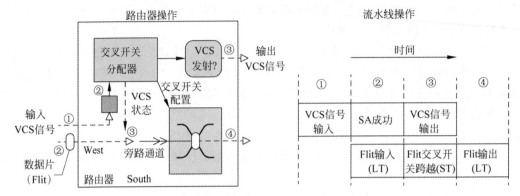

图 5.3　没有遇到阻塞时的虚拟电路交换流水线操作

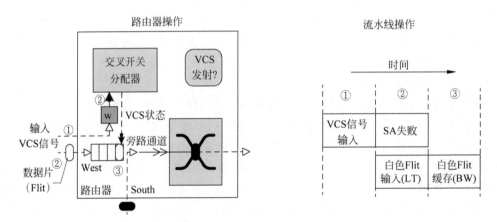

图 5.4　遇到阻塞时的虚拟电路交换流水线操作

　　图 5.5 显示了当数据包从阻塞中恢复时的虚拟电路交换流水线操作。由于冲突的路由器输出端口被黑色数据片占据,白色数据被缓存在缓冲器中。一旦黑色数据片被阻塞或者没有黑色数据片时,交叉开关将分配给白色数据片。在①时刻,黑色数据片正在通过交叉开关,而交叉开关分配器成功地将交叉开关分配给了白色数据片。在②时刻,由于 VCS 状态对应域表示要输出 VCS 信号,则一个 VCS 信号被发射传输到下一个路由器中。这是为了保证白色数据片在到达后面的路由器时,仍然可以直接通过路由器的交叉开关。VCS 信号的输出与黑色数据片的 LT 阶段同时进行,而此时缓存着的白色数据片则通过该路由器的交叉开关。从③时刻开始,缓存器中跟着的白色数据片继续通过交叉开关,而且网络中的背压会告知上游路由器中的白色数据片重新开始传输在虚拟电路交换的连接上。

　　在虚拟电路交换中,路由器的交叉开关在数据片刚到达之前就已被配置好,所以传输在虚拟电路交换连接上的数据片可直接通过交叉开关而不需要其他的路由器流水操作。相比包交换机制,虚拟电路交换可以显著降低通信延时,同时还能降低通信能耗。虽然虚拟电路交换需要 VCS 信号传输,但是这部分的延时和能耗开销远小于虚拟电路交换机制所带来的延时和能耗节省。相比电路交换机制,虚拟电路交换只增加了很小的延时和能耗。数据包在虚拟电路交换连接上传输之前,1 时钟周期的额外延时需要用来发射 VCS 信号,这个 VCS 信号由源节点流处理器的网络接口产生。然而,虚拟电路交换允许共享一个物理通道,假设有两个冲突的通信竞争同一个物理通道,两个虚拟电路交换连接相比一个电路交换连接加一个包交换连接要消耗更少的平均通信延时和能耗。

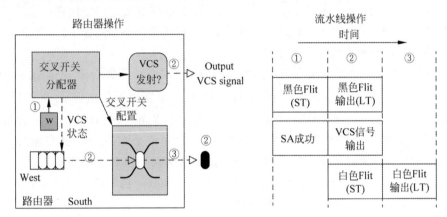

图 5.5　从阻塞中恢复时的虚拟电路交换流水线操作

由前所述,路由器中已被配置的交叉开关只能服务整个虚拟电路交换包数据,直到尾数据片通过或者数据包传输停止。然而电路交换连接上的数据片不需要仲裁就能直接进入交叉开关跨越阶段,即使交叉开关分配给了其他数据片。所以电路交换连接和虚拟电路交换连接不允许同时竞争同一个物理通道。考虑到虚拟电路交换连接和电路交换连接的优缺点,混合策略建立虚拟电路交换连接和电路交换连接的原则总结为:

(1) 如果有其他的通信竞争同一个物理通道,则建立虚拟电路交换连接;

(2) 如果没有虚拟电路交换连接竞争同一个物理通道,则建立电路交换连接。

至于交换机制中的仲裁策略,采用优胜者占据所有物理通道带宽的仲裁[3],即在服务其他数据包前分配物理通道的带宽给一个数据包,直到它的尾数据片通过或该数据包被阻塞为止。电路交换连接和虚拟电路交换连接中的数据传输拥有比包交换连接数据传输更高的优先级,这是因为电路交换数据不能被停止,而传输在虚拟电路交换连接的数据如果被阻塞的话将消耗更多的能耗。

5.3.2　混合虚拟电路路径分配算法

下面首先对问题进行公式化,接着描述分配算法的过程,最后介绍算法在实际中的使用。

定义 5.2:网络通信图 NCG 是一个有向图 $NCG = G(V, C)$,其中每个顶点 $v_i \in V$ 表

示片上网络的一个节点,每条边 $c_{i,j} = (v_i, v_j) \in C$ 表示从 v_i 到 v_j 的通信。片上网络的节点数量表示为 $|V|$,通信数量为 $|C|$。每个通信具有一个参数 $IR(c_{i,j})$,表示通信 $c_{i,j}$ 的数据注射率。

定义 5.3:网络连接图 ING 是一个有向图 ING=$G(V, E)$,其中每条边 $e_{i,j} = (v_i, v_j) \in E$ 表示一个从 v_i 到 v_j 的物理通道。物理通道的总数量表示为 $|E|$。

定义 5.4:一条路径 $p_{i,j}$ 是一个由物理通道组成的有序集合 $p_{i,j} = \{e_{i,k}, e_{k,k1}, \cdots, e_{kn,j}\}$,其中 $p_{i,j}$ 的源节点是 v_i,$p_{i,j}$ 目的节点是 v_j。ING 中的所有路径的集合为 P。对应所有虚拟电路连接的路径集合表示为 VP,对应所有电路连接的路径集合表示为 CP。

定义 5.5:寻径方程 $R: C \to P$ 将一条通信 $c_{i,j} \in C$ 映射与一个路径 $p_{i,j}$,其中 $p_{i,j} \in P$。网络中所有通信的路径集合表示为 $RP = \{R(c_{i,j}) | c_{i,j} \in C\}$。

定义 5.6:给定一个路径集合 P',操作 $\Delta e_{i,j}(P')$ 用来计算集合 P' 中满足 $e_{i,j} \in p_{x,y}$ 的路径 $p_{x,y}$ 的数量。操作 $\Delta^s v_x(P')$ 用来计算集合 P' 中满足源节点是 v_x 的路径 $p_{x,y}$ 的数量。而操作 $\Delta^d v_y(P')$ 用来计算集合 P' 中满足目的节点是 v_y 的路径 $p_{x,y}$ 的数量。

根据以上定义,混合策略路径分配问题描述为:给定一个 NCG 和一个 ING,寻找一个寻径方程 $R()$,以及为通信分配路径来形成虚拟电路交换连接和电路交换连接,目标在限制条件(5.4)~(5.7)下优化数据包平均通信延时 T_{ave} 和数据包平均通信能耗 E_{ave}。

$$\forall c_{i,j} \in C, \quad R(c_{i,j}) \in RP \tag{5.4}$$

$$\forall e_{i,j} \in E, \quad \Delta e_{i,j}(VP), \quad \Delta e_{i,j}(CP) \leqslant 1 \tag{5.5}$$

$$\forall v_i \in V, \quad \Delta^s v_i(VP) \leqslant l, \quad \Delta^d v_i(VP) \leqslant l$$
$$\Delta^s v_i(CP) \leqslant 1, \quad \Delta^d v_i(CP) \leqslant 1 \tag{5.6}$$

$$\forall p_{i,j} \in VP \, \forall p_{x,y} \in CP, \quad i \neq x, j \neq y, p_{i,j} \bigcap p_{x,y} = \varnothing \tag{5.7}$$

条件(5.4)意思是 NCG 中所有的通信都有寻径路径。条件(5.5)表示 ING 中的一个物理通道最多可以被 l 个虚拟电路交换连接共享或者只能被 1 个电路交换连接占据,l 表示每个输入端口的虚拟通道数目。条件(5.6)表示 ING 中每个节点中连接计算核的物理通道最多可以被 l 个虚拟电路交换连接共享,或者只能被 1 个电路交换连接占据。条件(5.7)意味着电路交换连接的路径不能与虚拟电路交换连接的路径共享连接源节点的物理通道、连接目的节点的物理通道和路由器之间的物理通道。

考虑计算式(5.2)和式(5.3),T_{ave} 和 E_{ave} 主要由通信的平均跳数 H、电路交换概率 p^c 和额外开销(T_{extra},E_{extra})决定,而且通信竞争延时 T_c 也决定了平均数据包通信延时。我们提出的路径分配策略可总结为:在保持所有通信跳数最小的前提下最大化 p^c;然后同样在保持所有通信跳数最小的前提下优化额外开销和 T_c。保持所有通信跳数最小是有必要的,因为很难判断是否一个具有更多跳数的虚拟电路交换/电路交换连接比具有最小跳数的包交换连接更好。如果没有通信跳数最小这个限制,就需要非常庞大的搜索空间来获得全局最优解。而且,最小通信跳数能保证数据在片上网络连线传输的能耗最小。另一方面,路径分配策略首先优化 p^c 是因为片上网络混合策略 p^c 是降低片上网络通信延时和能耗的主要因素。更高的 p^c 意味着更多的路由器跨越可以执行在虚拟电路交换连接或电路交换连接上。

在路径分配过程中,每条通信的路径按顺序来决定并优化。当基于已分配的通信路径集合 EP 来为一个新的通信寻找路径时,算法必须保证将要以包交换机制执行的通信数量最少。同时,共享同一个物理通道的虚拟电路交换连接数量不能超过虚拟通道的数目 l。对于物理通道 $e_{i,j}$ 来说,如果 $\Delta e_{i,j}(RP) > 1$,至多 $\Delta e_{i,j}(RP) - 1$ 个通信必须以包交换机制来执行。所以,当为一个通信决定其路径时,为了优化 p^c,必须要满足式(5.8):

$$\text{min.} \left\{ \sum_{e_{i,j} \in p_{x,y}} \text{Over}(\Delta e_{i,j}(EP) + 1 - l) \right\} \tag{5.8}$$

表达式 $\text{Over}(x)$ 定义为:

$$\text{Over}(x) = \begin{cases} x, & x > 0 \\ 0, & x \leqslant 0 \end{cases} \tag{5.9}$$

其中,$\Delta e_{i,j}(RP) + 1$ 表示当物理通道 $e_{i,j}$ 分配给 $p_{x,y}$ 时将有一个额外的路径经过 $e_{i,j}$。至于计算式(5.2)和式(5.3)额外开销和通信竞争延时 T_c,T_{extra} 由虚拟电路交换连接的数量决定,E_{extra} 和 T_c 与竞争同一个物理通道的通信数量有关。这里定义平均阻塞概率(Average Blocking Probability,ABP)反应对同一个物理通道的竞争情况。

定义 5.7:$\text{ABP}(e_{i,j})$ 表示路径经过 $e_{i,j}$ 的通信在物理通道 $e_{i,j}$ 被阻塞的平均概率。$\text{ABP}(e_{i,j})$ 计算为:$\text{ABP}(e_{i,j}) = 1 - 1/N(e_{i,j})$,$N(e_{i,j})$ 表示竞争物理通道 $e_{i,j}$ 的路径数量。

所以,为了优化 E_{extra} 和 T_c,当基于已分配的通信路径集合 EP 来为一个新的通信寻找路径时,总的 ABP 必须最小化。该目标表达式为:

$$\text{min.} \left\{ \sum_{e_{i,j} \in p_{x,y}} \left(1 - \frac{1}{\Delta e_{i,j}(EP) + 1} \right) \right\} \tag{5.10}$$

其中,$N(e_{i,j}) = \Delta e_{i,j}(EP) + 1$。总的来说,当基于已分配的通信路径集合 EP 来为一个通信寻找路径时,路径分配算法的目标可描述为:首先满足式(5.8),然后在式(5.8)仍然满足的前提下满足式(5.10)。详细的路径分配算法描述可见图 5.6,而图 5.7 显示了片上网络混合策略路径分配的一个例子。

首先寻径方程 $R(\ )$ 被初始化(图 5.6 的第 2~5 行),这是为了保证当进一步优化路径分配时能考虑到所有的通信。维序的 XY 寻径被用来初始化路径方程,初始化路径的一个示例如图 5.7(a)所示。

然后算法基于初始化路径分配再寻找更加优化的路径(图 5.6 的第 6~11 行)。采用 Dijkstra 算法[5] 来寻找具有最小物理通道权重的路径(图 5.6 的第 9 行)。对于通信 $c_{x,y}$ 来说,物理通道 $e_{i,j}$ 的权重设置为:

$$\text{Weight}(c_{x,y}, e_{i,j}) = H(c_{x,y}) \cdot \text{Over}(\Delta e_{i,j}(EP) + 1 - l) + \left(1 - \frac{1}{\Delta e_{i,j}(EP) + 1} \right)$$

$$\tag{5.11}$$

其中，$H(c_{x,y})$ 表示通信 $c_{x,y}$ 的最小跳数。此时，$EP = RP/p_{x,y}$，$RP/p_{x,y}$ 表示路径 $p_{x,y}$ 从集合 RP 中移除（图 5.6 的第 7 行）。物理通道权重的一个例子如图 5.7(b)所示。在图 5.7(b)中，正在寻找节点 9 到节点 3 通信的路径，这时物理通道(9，5)的权重为 5.67，因为共享这个物理通道的路径数量将要大于虚拟通道数量($l=2$)。

PathAllocationAlgorithm(*NCG, ING, R( ), VP, CP*)

Input: *NCG, ING, l*
Output: *R( ), VP, CP*
1: $RP = \varnothing$; $VP = \varnothing$; $CP = \varnothing$;
　　{Initiate the routing function R( ).}
2: **for all** $c_{x,y} \in C$ **do**
3:　　Determine the initial $R(c_{x,y})$ according to Dimension-Order Routing;
4:　　Add the $R(c_{x,y})$ to RP;
5: **end for**
　　{Look for an optimized routing function R( ).}
6: **for all** $c_{x,y} \in C$ **do**
7:　　Remove the routing path $R(c_{x,y})$ from RP;
8:　　Set all edge weights of *ING*;
9:　　Find the deadlock-free $R(c_{x,y})$ with the minimal total edge weight along the path of $c_{x,y}$ according to *Dijkstra algorithm*;
10:　　Add the $R(c_{x,y})$ to RP;
11: **end for**
　　{Allocate routing paths to form VCS connections.}
12: Sort C in decreasing order according to $IR(c_{x,y}) \times H(c_{x,y})$;
13: **for all** $c_{x,y} \in C$ **do**
14:　　Add the $R(c_{x,y})$ to VP;
15:　　**if** $\exists e_{i,j} \in E, \triangle e_{i,j}(VP) > l$ **or** $\exists v_i \in V, \triangle^s v_i(VP) > l$ **or** $\triangle^d v_i(VP) > l$ **then**
16:　　　Remove the routing path $R(c_{x,y})$ from VP;
17: **end for**
　　{Allocate routing paths to form CS connections.}
18: **for all** $c_{x,y} \in C$ **do**
19:　　**if** it can form a CS connection **then**
20:　　　Add the $R(c_{x,y})$ to CP;
21:　　　**if** $R(c_{x,y}) \in VP$, remove the $R(c_{x,y})$ from VP;
22:　　**end if**
23: **end for**
　　{Single pair, Multiple VCS connections.}
24: **Repeat** steps 13~17 **until** no VCS connections can be formed. Note that only $c_{x,y}$ whose $R(c_{x,y}) \in VP$ is selected at this step.

图 5.6　路径分配算法

由于虚拟电路交换连接与包交换连接共享虚拟通道，所以当寻找路径时必须避免死锁 (deadlock)[6-7] 现象。为了避免死锁，所有路径转向中的一个转向被消除，如 West-first、North-last 和 Negative-first 寻径[8]。本章在使用 Dijkstra 算法时采用 West-first 寻径作为限制来避免死锁。使用 Dijkstra 算法后的路径分配结果如图 5.7(c)所示。

定理 5.1：给定已分配的通信路径集合 EP，新加入的具有最小跳数的路径 $p_{x,y}$ 可以首先满足表达式(5.8)，然后在保持表达式(5.8)不变的前提下满足表达式(5.10)，只要 $\forall p'_{x,y} \in P$（$p'_{x,y}$ 具有最小跳数）满足不等式(5.12)：

$$\sum_{e_{i,j} \in p_{x,y}} \text{Weight}(c_{x,y}, e_{i,j}) \leqslant \sum_{e_{i,j} \in p'_{x,y}} \text{Weight}(c_{x,y}, e_{i,j}) \qquad (5.12)$$

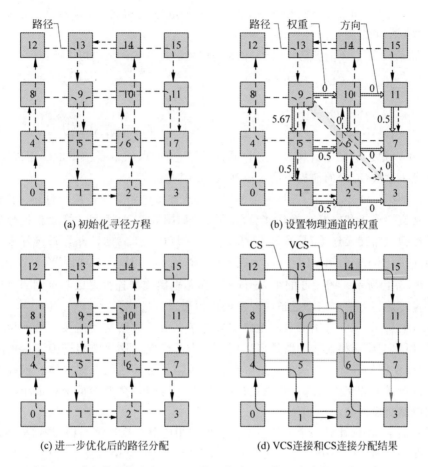

(a) 初始化寻径方程　　　　　(b) 设置物理通道的权重

(c) 进一步优化后的路径分配　　　(d) VCS连接和CS连接分配结果

图 5.7　路径分配算法在 4×4 二维网格片上网络(2 个虚拟通道)的例子

证明：首先假设 $p_{x,y}$ 不能满足式(5.8)，它表示为：

$$\exists \, p'_{x,y} \in P, \sum_{e_{i,j} \in p_{x,y}} \mathrm{Over}(\Delta e_{i,j}(EP)+1-l) > \sum_{e_{i,j} \in p'_{x,y}} \mathrm{Over}(\Delta e_{i,j}(EP)+1-l)$$

然后有：

$$H(c_{x,y}) \cdot \sum_{e_{i,j} \in p_{x,y}} \mathrm{Over}(\Delta e_{i,j}(EP)+1-l) > H(c_{x,y}) \cdot \sum_{e_{i,j} \in p'_{x,y}} \mathrm{Over}(\Delta e_{i,j}(EP)+1-l)$$

由于 $\mathrm{Over}(\Delta e_{i,j}(EP)+1-l) \in N$，可以得到：

$$H(c_{x,y}) \cdot \sum_{e_{i,j} \in p_{x,y}} \mathrm{Over}(\Delta e_{i,j}(EP)+1-l) \geqslant H(c_{x,y}) \cdot \sum_{e_{i,j} \in p'_{x,y}} \mathrm{Over}(\Delta e_{i,j}(EP)+$$
$$1-l)+H(c_{x,y}) \tag{5.13}$$

所以，可以得到：

$$\sum_{e_{i,j} \in p_{x,y}} \mathrm{Weight}(c_{x,y},e_{i,j}) > \sum_{e_{i,j} \in p'_{x,y}} \mathrm{Weight}(c_{x,y},e_{i,j}) \tag{5.14}$$

然而,式(5.14)和式(5.12)相违背,所以根据反正法可以得到:当 $p_{x,y}$ 服从式(5.12)时,目标式(5.8)可以满足。

第二步,假设 $p_{x,y}$ 不能满足式(5.10)但是可以满足式(5.9)。所以可以得到:$\exists p'_{x,y} \in P$,

$$\sum_{e_{i,j} \in p_{x,y}} \text{Over}(\Delta e_{i,j}(EP) + 1 - l) = \sum_{e_{i,j} \in p'_{x,y}} \text{Over}(\Delta e_{i,j}(EP) + 1 - l) \quad (5.15)$$

$$\sum_{e_{i,j} \in p'_{x,y}} \left(1 - \frac{1}{\Delta e_{i,j}(EP) + 1}\right) < \sum_{e_{i,j} \in p_{x,y}} \left(1 - \frac{1}{\Delta e_{i,j}(EP) + 1}\right) \quad (5.16)$$

然后,可以很容易推导出与式(5.14)同样的结论,所以假设是错误的。所以 $p_{x,y}$ 可以在仍然满足表达式(5.8)的前提下满足表达式(5.10)。

图 5.6 的第 12～14 行中,选择通信的路径形成虚拟电路交换连接和电路交换连接。一个虚拟电路交换连接和电路交换连接分配的例子如图 5.7(d)所示。算法首先分配通信路径来形成虚拟电路交换连接,具有最大 $IR(c_{x,y}) \times H(c_{x,y})$ 的通信路径被选择来形成虚拟电路交换连接(图 5.6 的第 12 行),因为越大的 $IR(c_{x,y}) \times H(c_{x,y})$ 拥有越大的电路交换概率 p^c,如式(5.1)所示。图 5.6 的第 15 行表示虚拟电路交换连接可以共享同一个物理通道的最大数量不能超过每个物理通道所对应的虚拟通道数量。

图 5.6 的第 18～23 行用来分配电路交换连接。由于电路交换连接不会产生片上网络通信死锁,所以电路交换连接的路径可以拥有任意的转向。这里电路交换连接的路径被重新决定,重新使用 Dijkstra 算法寻找是否存在一条路径与其他的虚拟电路交换连接和电路交换连接没有任何的交叠。如果存在这样的路径,具有与包交换连接交叠最小的路径被选择来形成电路交换连接。

图 5.6 的第 24 行针对一个通信生成更多的虚拟电路交换连接,目标是增加虚拟通道的使用率。在一个通信的两个节点之间没有生成多个虚拟电路交换连接的话,如果一个数据包在传输过程中被阻塞,那么从相同源节点到相同目的节点的数据包在虚拟电路交换连接传输时将被前一个数据包所阻塞。然而,在一个通信的两个节点建立多个虚拟电路交换连接后,后一个数据包可以传输到另一个虚拟电路交换连接上,那么该数据包将不会因为前一个数据包的传输停止而阻塞。

接下来对图 5.6 算法的时间复杂度进行分析。第 2～5 行的寻径方程初始化的时间复杂度是 $O(|C|)$。由于算法的第 8 行遍历所有的物理通道 $e_{i,j}$,而且 Dijkstra 算法(时间复杂度为 $O(|V| \lg |V|)$)对每个通信都执行一次,所以进一步寻找更优化寻径方程的过程(第 6～11 行)需要 $O(|C||E| + |C||V| \lg |V|)$ 的时间复杂度。采用快速分类算法将通信按照 $IR(c_{x,y}) \times H(c_{x,y})$ 从大到小排序,这过程在最差情况下需要 $O(|C|^2)$ 的时间复杂度。算法的第 15 行将花费不超过 $O(|V|)$ 的时间复杂度来判断是否条件是满足的,所以第 13～17 行的循环对应时间复杂度是 $O(|C||V| \lg |V|)$。在算法的第 24 行中,第 13～17 行的循环要重复 $l-1$ 次,因为虚拟电路交换连接能共享同一个物理通道的最大数量为 l。所以第 24 行带来的时间复杂度为 $O(l|C||V| - |C||V|)$。综上,图 5.6 的路径分配算法总时间复杂度为 $O(|C||E| + |C||V|(\lg |V| + l) + |C|^2)$。

5.4　片上网络众核编译框架协同设计

5.4.1　众核编译框架总体设计

图5.8显示了目标多核流处理器总体编译框架设计。与传统流处理器编译相同的是，片上网络多核流处理器编译也分为流级编译和核心级编译。然而，与传统流处理器编译不同的是，流级编译和核心级编译并不是完全分离的，它们之间有一定的联系，核心级编译中每个核心的指令分配结果会影响流级编译中核心的联合分组，流级编译的核心联合分组又有利于核心的联合编译，从而提高核心级指令编译的运算单元利用率。

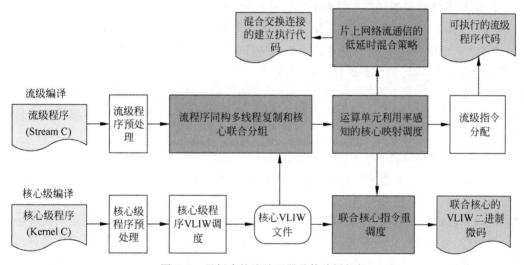

图 5.8　目标多核流处理器总体编译框架

1. 预处理

总体编译框架中，核心级程序和流级程序首先被预处理。核心级程序的预处理包括语法分析、控制流分析、数据流分析和算子依赖性分析。语法分析通过使用标准的词汇分析器将核心程序翻译成原始算子操作，同时为常数计算添加操作和执行程序员定义的循环展开。控制流分析将核心算子操作划分成基本块和建立包含了所有基本块的控制流图。数据流分析通过有向边为核心的所有算子操作建立数据流图以表示操作之间的通信。算子依赖性分析则是建立有向非循环图（Directed Acyclic Graph，DAG），表示核心算子的依赖关系，包括读写（Read-After-Write，RAW）依赖性和写读（Write-After-Read，WAR）依赖性。流级程序预处理主要包括语法分析、Profile 编译和生成流程序图。语法分析即对流级程序语言进行语法检测，然后分析程序，通过化简表达式、关联流操作函数生成抽象语法树。Profile 编译则在抽象语法树的基础上提取流程序的轮廓，包括流程序的核心操作序列、核心操作之间的流方向、核心对外部输入流数据的访问、原始输入流的起始地址和长度等。而流程序图是根据 Profile 编译结果产生,它形象地表示了流级程序核心执行的序列和流传输的方向。

2. 核心级指令调度

完成核心程序预处理后,核心编译器根据预处理的结果进行指令调度,即分配每个操作到一个功能单元中并调度于时钟周期中,同时分配本地寄存器文件。指令调度算法首先执行基本块的排序,然后进行算子操作优先级排序,最后进行运算单元分配和本地寄存器分配。核心指令调度器对流程序中每个不同核心都会执行一次,生成各个核心指令文件。该指令文件为一个. uc 后缀的指令微码描述文件,包含了核心中所有对应的超长指令字描述,按照先后执行顺序排列。每个超长指令字描述都包括了微控制器操作、输入输出流访问操作、本地寄存器访问操作、各个运算单元的操作和操作之间的依赖关系。

3. 同构多线程复制和核心联合

生成的核心指令文件和流级程序预处理生成的流程序图输入流程序同构多线程复制和核心联合模块中。该模块首先根据核心指令文件提取出需要的核心参数,再根据流程序图提取数据流参数,依照核心参数、数据流参数和多核流处理器架构参数将流程序复制成需要的同构多线程形式,接着根据核心联合估计算法将同构多线程流程序的核心联合分组,最后输出分组后的联合核心表格。流程序同构多线程复制和核心联合分组的详细描述请见第4章。

4. 核心映射和调度

核心联合分组结果和同构多线程的流程序图作为输入进入运算单元利用率感知的核心映射调度模块中。该模块采用层次化的 ILP 方法将联合核心组映射到片上网络多核流处理器的每个流处理核内,目标最小化计算核负载或片上网络物理通道负载。接着该模块对核心进行迁移,继续优化负载均衡和降低核间流通信的距离。根据核心映射结果进行流调度优化,包括流级软件流水调度尽可能地交叠流计算和流通信,片上存储器使用优化避免额外的流通信和为每个流程序线程选择合适的数据流长度。核心映射调度编译模块详细的介绍请见第4章。该编译模块的输出包括最终的核心联合分组结果、每个流处理核的联合核心执行顺序与其软件流水阶段数、数据流传输的软件流水阶段数和流处理核间通信图。

5. 核心联合编译

核心联合分组结果会输入联合核心指令重调度模块进行核心联合编译,即将并行核心的算子操作同时调度于共享的运算单元中。完成联合核心指令重调度后,编译器会生成联合核心的指令二进制微码。

6. 流级指令分配

流处理核的联合核心执行顺序、核心软件流水阶段数和数据流传输软件流水阶段数输入流级指令分配模块中,输出每个流处理核的流级程序代码。

7. 片上网络混合策略

流处理核间通信图如图 5.9 所示,图中每个通信上的数字对应其注入率。通信注入率 $\text{IR}(c_{i,j})$ 的计算式为:

$$\mathrm{IR}(c_{i,j}) = \frac{V(c_{i,j})}{\mathrm{II} \cdot L} \tag{5.17}$$

其中，$c_{i,j}$ 表示流处理核 v_i 到流处理核 v_j 的通信，$V(c_{i,j})$ 表示通信 $c_{i,j}$ 在流级软件流水稳态执行中每次迭代的数据量（单位：bit），II 是流级软件流水稳态执行的迭代周期长度（单位：时钟周期），L 则是每个通信数据包的长度（单位：bit）。

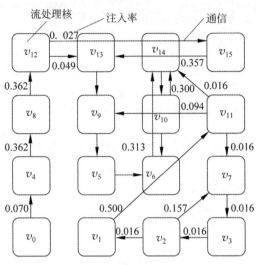

图 5.9　核间通信图的一个例子

核间流通信图作为输入进入片上网络流通信的低延时混合策略模块中。该编译模块在片上网络上为每个核间流通信分配优化的路径，并建立虚拟电路交换连接和电路交换连接，目标尽可能地降低通信延时，同时降低通信功耗。该编译优化模块的详细介绍请见第 4 章。该模块完成后将输出虚拟电路交换连接、电路交换连接和包交换连接的建立执行代码，指示各混合交换连接的建立。

5.4.2　可执行代码编译生成

联合核心的可执行代码即核心程序的超长指令字。目标流架构的指令格式如图 5.10 所示，主要分为 8 个域，对应流处理核的 8 个功能部件：微控制器（Microcontroller）、计算簇与片上流存储器之间的 8 个流缓冲器（SB0～SB7）、3 个加法器（ADD0/ADD1/ADD2）、2 个乘法器（MUL0/MUL1）和一个除法器（DIV）。

Microcontroller	SB0:SB7	ADD0	ADD1	ADD2	MUL0	MUL1	DIV

图 5.10　目标流处理核的 VLIW 指令格式

1. 指令格式子域划分

图 5.10 的每个域包含了多个子域，各个子域的具体划分如下。

（1）微控制器域的格式如图 5.11 所示，其中各子域的意义为：END 表示本条 VLIW 是核心执行的最后一条指令；STAGE 表示核心级软件流水的阶段数；UCRF_Wr 表示写微控制器寄存器(UCRF)；UCRF_Rd 表示读微控制器寄存器；IMM 表示写微控制器寄存器的立即数；Opcode 表示微控制器的操作码。

图 5.11　微控制器域的子域

（2）流缓冲器域的格式如图 5.12 所示，它包含了 8 个子域对应 8 个不同的流缓冲器，每个流缓冲器子域(SBx)中：Opcode 表示流缓冲器的操作（读流缓冲器、写流缓冲器或者没有操作）；LRF_Addr 表示本地寄存器的地址。

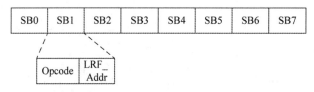

图 5.12　流缓冲器域的子域

（3）运算单元域包括 ADD0、ADD1、ADD2、MUL0、MUL1 和 DIV。它们具有同样的格式，其格式如图 5.13 所示。其中，Opcode 为运算单元的操作码；SRC1 为读本地寄存器的地址 1；SRC2 为读本地寄存器的地址 2；DST 为写本地寄存器的地址。

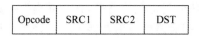

图 5.13　运算单元域的子域

2. 流级程序可执行代码

流级程序的可执行代码主要有 4 类：读写控制寄存器执行代码、流传输执行代码、联合核心启动执行代码和流级软件流水控制执行代码。其中前 3 类为流处理核执行的代码，流级软件流水控制代码为主控制器和流处理核共同执行。

1）读写控制寄存器执行代码

读写控制寄存器执行代码格式如图 5.14 所示，其中，Opcode 为操作码；STAGE 为流级软件流水的阶段数；Addr 为控制寄存器的地址；Type 为控制寄存器类型；Imm 为写控制寄存器时的立即数。

Opcode	STAGE	Addr	Type	Imm

图 5.14　读写控制寄存器指令执行代码格式

2）流传输执行代码

流传输执行代码分为两种：片外存储器与片上流存储器之间的流传输执行代码；本地片上流存储器与远程片上流存储器之间的流传输执行代码。片外存储器与片上流存储器之间的流传输执行代码格式如图 5.15 所示，其中，Opcode 为操作码，STAGE 为流级软件流水的阶段数；Off_Addr 为片外存储器数据的首地址；On_Addr 为片上流存储器数据的首地址；Len 为数据流的长度（单位：Byte）；Dir 为流传输的方向；Mode 为片外存储器的访问计数模式。

图 5.15　片外存储器与片上流存储器之间的流传输执行代码格式

本地片上流存储器与远程片上流存储器之间的流传输执行代码格式如图 5.16 所示。其中 Core_ID 为远程片上流存储器所在的流处理核索引地址；Addr0 为本地片上流存储器数据的首地址；Addr1 为远程片上流存储器数据的首地址；Dir 为本地片上流存储器和远程片上流存储器数据传输的方向。

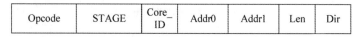

图 5.16　片上流存储器之间的流传输执行代码格式

3）联合核心启动执行代码

联合核心启动的执行代码格式如图 5.17 所示。Str0～Str7 对应联合核心的 8 个输入输出流，同时也对应 8 个流缓冲器。Valid 表示对应的流缓冲器需要用来在片上流存储器和计算簇之间传输数据流；Addr 为对应数据流在片上流存储器的起始地址；Len 为数据流的长度；Dir 为数据流的方向（即流向计算簇还是片上流存储器）。Mpc 为核心程序在 VLIW 存储器中的起始地址。

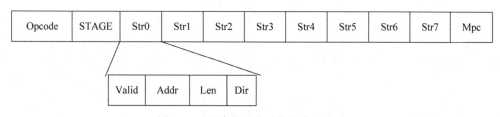

图 5.17　联合核心启动执行代码格式

4）流级软件流水控制执行代码

流级软件流水控制执行代码主要用于流处理核间的同步。流级软件流水执行时，流处理核每完成一次迭代向主控制器发送同步信号，并阻塞本地流处理核的执行。当主控制器接收到所有流处理核的同步信号后，反馈同步信号到各个流处理核，通知流处理核继续执行。

交换连接建立可执行代码格式如图 5.18 所示，分为头片（head flit）、体片（body flit）和尾片(tail flit)。其中 Flit_Type 为 2bit,表示数据片属于头片、体片还是尾片。Route_Info
对应路由信息,它可以是目的节点的索引。Switch_Type 为 2bit,表示要建立的交换连接类
型。Rid 对应路由器的索引号,InPort 为路由器输入端口索引号,InVC 为虚拟通道索引,
OutPort 为路由器输入端口索引号,OutVC 为虚拟通道索引。

　　一个完整的交换连接建立信息由头片、体片和尾片组成的数据包。它由主控制器控制
发送到目的节点中。当体片/尾片经过一个路由器时,路由器会判断 Rid 是否和自己的索引
号一致,如果一致则根据 Switch_Type 指示将相应的信息存入路由器中来建立相应的交换
连接。如果指示建立虚拟电路交换连接,则 InPort、InVC、OutPort 和 OutVC 存储到路由
器的 VCS 状态中(见图 5.2)。如果指示建立电路交换连接,InPort 和 OutPort 信息存储到
电路配置单元中。如果指示建立包交换连接,InPort 和 OutPort 信息存储到路由表
(routing table)中。

头片	Flit Type	Route_Info				

体片/尾片	Flit Type	Switch Type	Rid	InPort	InVC	OutPort	OutVC

图 5.18　交换连接建立代码格式

　　交换连接建立代码在轻量级的建立网络上传输。该建立网路如图 5.19 所示,主控制器
会发送 4 个交换连接建立数据包到节点 30、31、32 和 33 中。当这 4 个目的节点接收到数据
包的尾片时,会反馈一个信号到主控制器中。当主控制器收到所有节点的反馈信号后,再广
播一个建立完成信号到所有的节点中,告诉各节点的网络接口交换连接已建立成功,则数据
开始在相应的交换连接上传输。而在各交换连接的建立过程中,数据的传输采用 XY 寻径
的包交换机制,所以建立过程不会影响到多核流处理器的实时执行。

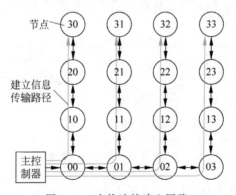

图 5.19　交换连接建立网路

　　该建立网络中,两个输入输出端口的节点(如节点 10)其实是两个不同方向的寄存器,
而 3 个输入输出节点也只是简单的交叉开关,因为不会有阻塞,所以不需要仲裁器等复杂的
控制。所以该建立网络的硬件开销是可以忽略的。

5.5　小结

本章介绍了基于片上网络的通信优化技术,提出一种新颖的基于虚拟电路交换的片上网络混合策略来降低通信的延时和功耗。此混合策略的基本原理是将虚拟电路交换机制和电路交换机制、包交换机制混合,通过编译确定各通信路径并分配相应的交换连接来优化片上网络的通信延时和功耗。针对片上网络中已知的通信情况,引入一种路径分配算法来分配虚拟电路交换连接和电路交换连接,目标最小化通信延时和功耗。并且,本章介绍了片上网络众核编译框架协同设计技术,给出了编译框架中各个模块的描述,重点说明了所提出的关键编译技术在总体编译框架中的实际使用。本章还介绍了编译生成的可执行代码格式,包括联合核心的可执行代码、流级程序的可执行代码和片上网络交换连接建立的可执行代码,并说明了这些代码的工作方式。

参考文献

[1]　Abousamra A, Jones A, Melhem R. Codesign of NoC and Cache Organization for Reducing Access Latency in Chip Multiprocessor[J]. IEEE Transactions on Parallel and Distributed Systems, 2012, 23(6): 1038-1046.

[2]　Modarressi M, Tavakkol A, Sarbazi-Azad H. Virtual Point-to-Point Connections for NoCs[J]. IEEE Transactions on Computer-Aided Design of Integrated Circuits System, 2010, 29(6): 855-868.

[3]　Dally W, Towles B. Principles and Practices of Interconnection Networks[M]. San Francisco, CA, USA: Morgan Kaufmann, 2003.

[4]　Becker D, Jiang N, Michelogiannakis G, et al. Adaptive Backpressure: Efficient Buffer Management for On-chip Networks[C]//Proceedings of the IEEE International Conference on Computer Design (ICCD), Montreal, QC, Canada, 2012: 419-426.

[5]　Fredman M, Tarjan R. Fibonaci Heaps and Their Users in Improved Network Optimization Algorithms[J]. Journal of the ACM (JACM) 34: 596-615.

[6]　Dally W, Seitz C. Deadlock-free Message Routing in Multiprocessor Interconnection Networks[J]. IEEE Transactions on Computers, 1987, 36(5): 547-553.

[7]　Duato J. A New Theory of Deadlock-free Adaptive Routing in Wormhole Networks[J]. IEEE Transactions on Parallel and Distributed Systems, 1993, 4(12): 1320-1331.

[8]　Glass C, Ni L. The Turn Model for Adaptive Routing[C]//Proceedings of the International Symposium on Computer Architecture (ISCA), Gold Coast, Australia, 1992: 278-287.

第 6 章 处理器能耗与温度优化

6.1 能耗与温度优化原理

芯片能耗现已成为嵌入式系统设计的重要考虑因素之一。而随着特征尺寸的减小,漏电功耗占总功耗的比例正在逐渐上升。特别是在 65nm 工艺以下,由于电源电压和阈值电压的降低,漏电功耗可以达到系统总功耗的一半以上[1]。与此同时,温度也和漏电流、漏电功耗息息相关。随着半导体工艺技术的持续演进,器件密度的提高速度大大超过了器件能耗的下降速度,带来了芯片温度的上升。

另外,由于漏电流随着温度指数增长,温度的上升导致漏电功耗的大幅上升,从而导致了整体功耗的上升,这也反过来进一步促进了温度升高。而且,温度的上升会影响载流子的活动性和金属的电阻率[2],从而影响了系统的稳定性。高峰值温度同时也会带来高额的封装散热开销、额外的芯片面积和冷却功耗等其他不利因素[3]。研究表明,在 130nm 工艺下,40℃的温度差别会带来 4% 的逻辑门延时变化,线阻变化约 12%,时钟偏移也会增加 10%。温度梯度的增加带来了全局互连线的不均匀的温度特性。这就使得互连线的线阻在整个芯片范围的不同。互连线线阻的不同会极大地影响系统性能的建模和优化。另外,随着特征尺寸降低到 90nm 以下,尽管金属层数会增加,但是上层的金属层会更接近衬底,也会有更强的耦合,从而影响连线性能分析。这就使得物理设计和布局布线优化将面临更多的问题,包括时钟偏移的控制、连线尺寸、层的分配、串扰效应等。

由上述分析可知,在一个芯片上温度的空间分布不均匀,会带来严重的时间不确定性,需要留出更大的时序余量来保证其功能正确,电路性能也随之降低。因此,片上温度梯度的优化是温度管理中的一个重要问题。

当前,温度的优化大多是通过功耗的降低来实现的。这是由于温度是功耗的副产品,与功耗有着天然的联系,而且通常采用相同的技术来实现。尽管如此,两者之间仍然存在极大的区别[2],主要体现在问题的成因、优化方式和优化目标的不同。

(1) 温度正比于功耗密度。因此,温度不仅仅与功耗有关,还与模块面积以及功耗在该面积上的分布有关。除了采用更好的冷却方法,还可以通过降低功耗、增加面积,或者均衡功耗分布的方式来降低芯片温度。低功耗策略虽然可以降低功耗,进而降低功耗密度,但是低功耗方法来降低温度并不总是有效的。例如,有些低功耗策略将利用率低的电路模块关闭,并将大部分功能集中在一个局部模块中,这反而会增加功耗密度和温度。

(2)温度是时间的非线性函数。温度模型类似于电路的 RC 模型(具体的建模方法请见第 4 章),而功耗则是一个立即数,能耗是功耗对时间的积分。从概念上来讲,温度与功耗、能耗有着根本的差别。

(3)温度与功耗优化策略的应用场合不同。功耗优化策略通常在处理器利用率低时发挥效用。例如,在芯片的空闲时间,通过关闭空闲模块、或者降低处理器工作频率等方法来降低功耗,而又不带来性能的损失。而温度优化一般在处理器使用率非常高时使用,此时由于密集的计算,处理器温度迅速升高,此时,采用低功耗的策略来进行优化就会带来相当大的性能损失。

(4)温度管理着重于减小温度在空间和时间上的浮动,以最大限度地延长电路使用寿命和可靠性。功耗优化方法可能会带来芯片温度的迅速升高,在高性能和低功耗模式间切换也会使温度迅速升高和降低,这些都会影响芯片的可靠性。

(5)温度优化的重点在于减少热点数量,降低局部温度。功耗优化则着重全局的功耗降低,无法降低局部的功耗密度以保证有效的温度降低和温度热点数量减少。

(6)相对于处理器内部模块的翻转变化,温度的变化相对比较缓慢,例如几个微秒或者更长时间。因此,低功耗策略需要持续相当长时间才可能表现出对温度的影响,这个条件在低功耗策略中也很少被考虑到。

综上所述,温度优化与功耗优化有着显著区别。即使两者大多采用相同的技术来实现,但在具体策略上,仍然有区别,甚至可能互相矛盾。随着多核系统中的温度问题日益严重,温度也应像性能、功耗一样,在设计的各个阶段得到优化。

6.2 处理核能耗与温度建模

众核处理器系统的功耗模型中,包括动态功耗 $P_{dynamic}$、静态功耗 P_{static}、以及状态转换功耗 P_{trans}:

$$P_{total} = P_{dynamic} + P_{static} + P_{trans} \tag{6.1}$$

动态功耗是由信号翻转所带来的:

$$P_{dynamic} = \frac{1}{2}\alpha C_L V_{dd}^2 f \tag{6.2}$$

其中,f 为时钟频率,V_{dd} 为电源电压,α 为输出信号翻转率,C_L 为负载电容。在每次输出信号发生变化时,负载电容被充电至 V_{dd} 或是发生放电。充电时,从电源来的能耗有一半保持到了负载电容当中,另一半则耗费在上拉晶体管中;放电时,存储在负载电容中的能量也成为能耗耗费在下拉晶体管中。

静态功耗主要包括短路功耗 $P_{short-circuit}$ 和漏电功耗 $P_{leakage}$:

$$P_{static} = P_{short\text{-}circuit} + P_{leakage}$$

其中,短路功耗是由于上拉与下拉网络同时接通时,电源连接到地形成短路电流造成的:

$$P_{short\text{-}circuit} = I_{short\text{-}circuit} \cdot V_{dd}$$

其中,短路电流 $I_{short\text{-}circuit}$ 取决于上拉和下拉网络的晶体管尺寸、同时接通的持续时间和电源电压。漏电功耗的来源较多,主要包括反向偏置结的漏电流(I_{REV})、栅极直接遂穿漏电(I_{G})和亚阈值漏电(I_{sub}):

$$P_{leakage} = I_{leakage} \cdot V_{dd} \approx I_{sub} \cdot V_{dd}$$

在 CMOS 电路中,亚阈值漏电要远大于其他漏电来源。

当 CMOS 晶体管的栅压低于阈值电压时,晶体管没有完全关断,处于弱反型区,这时的漏源间的漏电流主要由少数载流子的扩散电流产生。漏源之间的漏电流随着漏源电压的升高指数级的增加,而温度的升高,阈值电压的降低都会加剧这一漏电流。

翻转功耗是电路发生电源电压切换时的功耗损失。该功耗发生在可以动态调整电源电压和工作频率(Dynamic Voltage and Frequency Scaling, DVFS)的系统中。

$$P_{trans} = E_{trans}/t_{trans}$$

其中,$E_{trans} = \alpha C_D |V_{ddj}^2 - V_{ddi}^2|$,通常 α 设为 1,C_D 约为 10nF[4],V_{ddj} 和 V_{ddi} 分别为翻转前后的电源电压;翻转时间 $t_{trans} = k |V_{ddj} - V_{ddi}|$,$k = 20$ns/V。

为了根据上述公式完成该架构的性能分析,本章首先建立了一个指令级的功耗模型。该模型将整个处理器分成了 6 部分:流控制器、微控制器、计算簇、流寄存器文件、流存储器和网络互连。其中,微控制器、流控制器和计算簇采用指令级建模方式。首先建立一个程序库。一个程序会反复执行同一指令,并且随机的产生其输入数据。通过对各模块功耗分析与综合得到各模块在执行程序时候的功耗损失。通过建立程序库,覆盖指令集,建立指令和模块的功耗查找表。通信模块的功耗通过模拟得到单位数据传递一跳(Hop)时的功耗,并计数数据量和通信距离来计算。各存储部分首先通过多次访问来计算每次访存的平均功耗,并计算访存次数来计算这些存储模块的功耗损失。表 6.1 中给出了该处理器中各个模块处理 H.264 编码时的平均功耗结果,可以看到计算簇仍然是该架构中的主要功耗来源。由于该模块的高功耗和高散热,后续研究将主要针对计算簇展开优化。指令集中典型指令在模块中的功耗损失如表 6.2 所示,存储器和寄存器文件的读写功耗和漏电功耗如表 6.3 所示。

表 6.1　流处理器处理 H.264 编码,各模块功耗比较

模　　块	静态功耗/mW	动态功耗/mW	总功耗/mW
流控制器	0.400	0.217	0.617
流寄存器	18.05	6.226	24.28
微控制器	3.190	14.21	17.40
计算簇	15.25	303.2	318.5

该多核架构实现了多种电路级的低功耗技术,以支持系统的功耗管理,并作为后续功耗优化算法的电路基础。每个计算核都可以动态且独立地调整其电源电压和工作频率,每个

计算簇中功能单元都可以独立地进行动态功耗管理（Dynamic Power Management，DPM），即通过电源门控，独立的开关其流水中的电路模块和段间寄存器。功耗管理模块控制电源调节器（Switching Regulator）和锁相环（PLL），用来调节每个计算核的电源电压和工作频率，并且提供电源门控位用来管理计算簇中每个功能单元中流水的电源开关。通过这样的管理方式，在进行任务分配时，如果一个计算核心有处理任务的时间裕度，可以通过 DVFS 方式调节其电压和频率，通过降低电源电压和工作频率来降低动态功耗；当某个功能单元有一段长时间的空闲时，也可以通过电源门控关闭该模块以降低静态功耗。

表 6.2　典型指令的能耗（1V，800MHz）

指　　令	运算单元	能耗/pJ
IADD32	加法器	9.44
FADD	加法器	10.77
FMUL	乘法器	23.00
IMUL32	乘法器	22.88
LOOP	微控制器	1.08
CHK_EOS	微控制器	0.85
CLUST_OP	流控制器	1152.7
LOAD_UCCODE	流控制器	677.99

表 6.3　存储和寄存器文件的能耗（1V，800MHz）

存储模块	读操作/pJ	写操作/pJ	漏电功耗/mW
每 Band 流存储器	7.23	8.22	1.13
指令存储器	13.23	16.62	2.65
本地分布式寄存器文件	3.15	4.10	0.03
全局常数寄存器文件	13.23	1.66	0.01

　　DVFS 技术是一种动态的电源电压和工作频率调节的技术，主要应用于支持多电压频率域的处理器中，进行系统动态功耗的优化。当处理器在电压频率域 (v_j, f_j) 下处理任务 τ_i，其能耗为：

$$E_i^j = P_i^j t_i^k = \frac{1}{2}\alpha C_L v_j^2 f_j t_i^j \tag{6.3}$$

其中，t_i^j 为 τ_i 在频率为 f_j 时的最差执行时间。

　　当电压频率域变为 (v_k, f_k) 时，处理器处理任务 τ_i 的能耗为：

$$E_i^k = P_i^k t_i^k = \frac{1}{2}\alpha C_L v_k^2 f_k t_i^k \tag{6.4}$$

　　由于每个任务执行的时钟周期数保持不变，即 $c_i = f_j t_i^j = f_k t_i^k$，因此，当一个任务的电压频率域由 (v_j, f_j) 变为 (v_k, f_k) 时，能耗变为 $E_i^k = E_i^j v_k^2/v_j^2$，功耗变为 $P_i^k = P_i^j v_k^2 f_k/v_j^2 f_j$，而

运行时间则变为 $t_i^k = t_i^j f_j / f_k$。当降低该任务执行的电压频率时($v_j > v_k$,$f_j > f_k$),任务 τ_i 执行时的延时线性增加,而能耗二次方的降低,功耗则以三次方的速度降低。因此,DVFS 技术是一种有效的功耗管理技术,通过性能的降低得到高效的功耗优化。

由于系统中各模块的负载会随着时间而变化,因此在模块不工作的时候,可以将其关闭来实现功耗的降低。DPM 机制技术可以通过当前的处理器工作状态、负载情况来决定系统中各个模块的工作状态。通常 DPM 技术采用时钟门控来停止该模块的时钟,或者采用电源门控来拉低该模块的电源电压。

电源门控技术的主要思想是将空闲模块的电源电压和模块的连接断开,从而避免漏电。由于关闭和启动模块都需要消耗一定的功耗和时间,因此,DPM 技术需要决定是否、何时关闭空闲模块。如图 6.1 所示,当一个模块的空闲时间很短时,将该模块关闭并不一定会带来功耗的降低。为了衡量将一个模块关闭对功耗带来的影响定义功耗阈值时间(T_{be})和时序阈值时间(T_{tim})的概念,用来衡量可以通过电源门控将一个模块关闭的模块最小的空闲时间(T_{th})。

$$P_w \cdot t \geqslant E_{sd} + E_{wu} + P_s(t - T_{sd} - T_{wu})$$

$$t \geqslant \frac{E_{sd} + E_{wu} - P_s(T_{sd} + T_{wu})}{P_w - P_s} \tag{6.5}$$

$$T_{be} = \frac{E_{sd} + E_{wu} - P_s(T_{sd} + T_{wu})}{P_w - P_s}$$

如式(6.5)所示[5],T_{sd} 和 T_{wu} 分别表示关闭和打开该模块所需要的延时,E_{sd} 和 E_{wu} 分别表示关闭和打开该模块的能耗损失,P_w 和 P_s 分别表示该模块处于工作和休眠状态时的功耗。仅仅从功耗的角度上来看,当模块的空闲时间 t 长于功耗均衡时间 T_{be} 时,关闭该模块可以带来功耗节省。

时序阈值时间表示为 $T_{tim} = T_{sd} + T_{wu}$,当模块的空闲时间长于 T_{tim} 时,关闭该模块不会引入额外的延时。$T_{th} = \max(T_{be}, T_{tim})$ 表示一个模块可以关闭的最小空闲时间。它是一个阈值时间,只有当空闲时间大于 T_{th} 时,将该模块关闭才会带来功耗优化且不引起性能损失。

6.3　处理核指令编译

6.3.1　漏电功耗优化调度

在计算核内部,计算簇中的 VLIW 结构负担了核内的大部分操作,成为计算核内的温度热点。密集的操作带来的局部功耗密度升高是超长指令字结构温度升高的主要原因。观察发现,即使在计算密集型应用中,超长指令字结构中仍然存在部分功能单元有较多的空闲周期,而另一些功能单元操作密集,局部功耗密度升高,成为温度热点。因此,将指令均衡分配在超长指令字结构的功能单元中,扩大功耗分布的范围,可以有效降低功耗密度,避免局部热点的产生。

此外,由于温度与功耗有着强烈的依赖关系,特别是漏电功耗。因此,优化漏电功耗优化可以有效降低温度。在 VLIW 结构中,通过调节指令在功能单元中的分布,将空操作集中在部分功能单元并将其关闭可以有效减小漏电,从而降低漏电功耗。但是,将指令均衡分配在 VLIW 结构中,和集中操作到部分能单元这两种方法如何相互配合,得到最有效的温度降低成为一个需要解决的问题。针对上述问题,提出了面向温度优化的指令编译的设计流程和相关算法。首先,在不损失性能的情况下,通过一个漏电功耗优化的算法提升各功能单元的关断时间、减小开关次数,以减小漏电功耗;在此基础上,通过一个负载均衡策略在同构的功能单元中均衡负载,以降低峰值温度。

在已有文献中,漏电功耗的降低往往伴随着一定的性能折中,而且,已有工作也很少考虑温度优化,使得高优先级的功能单元的温度快速上升[6][7]。其中,一个相关工作[8]通过调整每周期发射的指令数量,并且交替使用功能单元,均衡各功能单元的负载[9]。但是,这带来了一定的性能损失和额外的切换开销。而且,此指令调整方法没有考虑到功能单元当前温度的变化。

针对上述设计问题和相关研究的空白,通过指令映射技术实现漏电能耗和峰值温度的降低。采用优化漏电能耗和温度的设计流程,其中包含了一个面向性能优化的最小化工作时间的算法,一个指令重编译算法(LARS)关掉尽量多的功能单元来节省漏电功耗。同时采用温度管理算法来平衡功能单元的负载,达到降低峰值温度的目的。

1. 算法原理

假设所研究的超长指令字结构包括 f 组功能单元。每组功能单元,由 $FU_i (1 \leqslant i \leqslant f)$ 表示,代表了由 n_i 个同构的功能单元(表示为 $f_{i,1}, \cdots, f_{i,n_i}$)组成的功能单元集合。这些功能单元可以用相同的时间和能耗实现同样的功能。一个核心程序被描述为一个数据依赖图(Data Dependency Graph,DDG),$G(\Gamma, \theta)$。每个节点 $O \in \Gamma$ 表示一条指令,每个边 $e \in \theta$ 表示两条指令之间是否依赖。权重 d_i 是执行第 i 条指令所需要的时间在编译的过程中,每条指令被调度到一个功能单元的某一个周期执行。假设每个核心程序的执行周期总数 T,被调度到 $f_{i,j}$ 第 c 个周期的指令是 $o^c_{i,j}$。那第 c 个周期的超长指令字指令为:

$$I^c = \{I^c_1, I^c_2, \cdots, I^c_f\} = \{o^c_{1,1}, \cdots, o^c_{1,n_1}; o^c_{2,1}, \cdots, o^c_{2,n_2}; \cdots; o^c_{f,1}, \cdots, o^c_{f,n_f}\} \quad (6.6)$$

其中,$o^c_{i,j} \in \Gamma, i \in [1, f], j \in [1, n_i]$。经过编译之后,目标核心程序的超长指令字指令序列是 $V(\Gamma) = \{I^1, I^2, \cdots, I^T\}$。在多媒体应用中,大部分的核心程序都是计算密集型的。但是,由于指令固有的相关性和硬件资源的限制,我们仍然可以关闭很大一部分闲置的功能单元来降低漏电能耗。假设 $f_{i,j}(i, j \in \mathbb{N}, i \leqslant f, j \leqslant n_i)$ 被指令占用了 $t^{ocp}_{i,j}$ 个周期(一共 T 个周期),而且被关断 $t^{pg}_{i,j}$,其余 $T - t^{ocp}_{i,j} - t^{pg}_{i,j}$ 个周期处于闲置状态。$f_{i,j}$ 的总能耗为:

$$E_{i,j} = E_{dyn} + E_{act} + E_{slp} + E_{pg}$$
$$= \sum_{a=1}^{T} e(o^a_{i,j}) + P_{act}(T - t^{pg}_{i,j}) + P_{slp} t^{pg}_{i,j} + n^{pg}_{i,j} e_{pg} \quad (6.7)$$

其中,E_{dyn} 表示系统的动态能耗,E_{act} 是开启状态的漏电能耗,E_{slp} 是休眠状态下的漏电能耗,

E_{pg} 是功能单元打开和关断时的开关切换能耗。在式(6.7)中，$e(o_{i,j}^a)$ 表示 $f_{i,j}$ 在第 a_{th} 个周期的动态功耗，P_{act} 和 P_{slp} 分别代表开启和睡眠模式下的漏电功耗，e_{pg} 为状态切换的开关切换能耗，$n_{i,j}^{pg}$ 表示 $f_{i,j}$ 的总的开关次数。根据式(6.8)中 t_{BE} 的定义，$E_{i,j}$ 可以表示为：

$$e_{pg} = (P_{act} - P_{slp})t_{BE} \tag{6.8}$$

$$E_{i,j} = \sum_{a=1}^{T} e(o_{i,j}^a) + P_{act}T - (P_{act} - P_{slp})(t_{i,j}^{pg} - n_{i,j}^{pg}t_{BE}) \tag{6.9}$$

为了最小化 $E_{i,j}$，需要使得 $t_{i,j}^{pg} - n_{i,j}^{pg}t_{BE}$ 尽可能大。因此，定义 EPG 为最优化漏电能耗的周期数：

$$EPG = \sum_{i \in [1,f]} \sum_{j \in [1,n_i]} t_{i,j}^{pg} - n_{i,j}^{pg}t_{BE} \tag{6.10}$$

$$E = E_{dyn} + P_{act}T \sum_{i \in [1,f]} n_i - EPG \tag{6.11}$$

EPG 等于总的电源门控周期数减去负载均衡的周期数。那么总能耗就由式(6.11)给出。由于在式(6.11)中前两项都是不变的，因此可以通过增加 EPG 来减少总能耗。要想增加 EPG，在每个闲置时间段内的周期数应该增加，而且应该大于 T_{th}，这样才能保证它们能被电源门控掉，因此应集中电源门控的闲置时段来提高 $n_{i,j}^{pg}$。

一般的方法都把指令调度到尽可能早的周期，来获得更好的性能，如图 6.1(b)所示。对应的 DDG 如图 6.1(a)表示，它把 $O_1 \sim O_6$ 分配给 $FU_1(f_{1,1} - f_{1,3})$，把 O_7、O_8 分配给 $FU_2(f_{2,1}, f_{2,2})$。由于 O_4 可以在周期 2~6 被执行，而且通过把 O_4 放到 $f_{1,2}, f_{1,3}$ 可以被关断 7 个周期，如图 6.1(c)所示。经过这样的调度，O_7 被限制在第 5~6 周期。为了去掉 $f_{2,1}$ 的限制但是又不把它关断，O_7 被移到第 6 个周期。为了达到更好地减少漏电功耗的效果，还可以把 $f_{1,2}$ 上的指令迁移到 $f_{1,1}$ 上，如图 6.1(d)所示。假设 $T_{th} = T_{BE} = 3$，那么 $EPG_b = (5-3)+(6-3)+(2-3)+7=11$，$EPG_c = (4-3)+7+(5-3)+7=17$，$EPG_d = 7+7+(5-3)+7=23$。那么使用两种调度算法总的 EPG 分别增加了 54.5% 和 109%。

根据之前的分析，LARS 算法旨在通过增加电源门控的周期数和减少切换周期数来增加 EPG 周期数。可以发掘两个维度上的调度范围：空间/水平维度上的调度范围(S_H)和时间/垂直维度上的调度范围(S_V)。S_H 是可以处理该条指令的功能单元的集合，这取决于系统的结构和 ISA。S_V 是一条指令可以执行的周期范围，它是由待优化的核心程序决定的。$S_V = [t_e, t_1]$，其中 t_e 和 t_1 是考虑到指令的依赖性后指令可执行的最早和最晚的周期：

$$t_e(o_i) = \begin{cases} 1, & \text{如果 } o_i \text{ 没有前驱指令} \\ \max_{j \in pre_i}(t_j + d_j), & \end{cases} \tag{6.12}$$

$$t_1(o_i) = \begin{cases} T, & \text{如果 } o_i \text{ 没有后继指令} \\ \min_{j \in suc_i}(t_j - d_j), & \end{cases} \tag{6.13}$$

其中，pre_i 表示指令 o_i 的所有前驱指令的集合，$\max_{j \in pre_i}(t_j + d_j)$ 是由于这些前驱指令，o_i 最早可以被调度的周期数。在式(6.13)中，suc_i 表示指令 o_i 的所有后继指令的集合，

$\min_{j\in\mathrm{suc}_i}(t_j-d_j)$是由于这些后继指令,$o_i$ 最晚可以被调度的周期数。当一条指令被迁移动到另一个周期时,它的前驱指令和后继指令的 S_V 都必须得到更新。

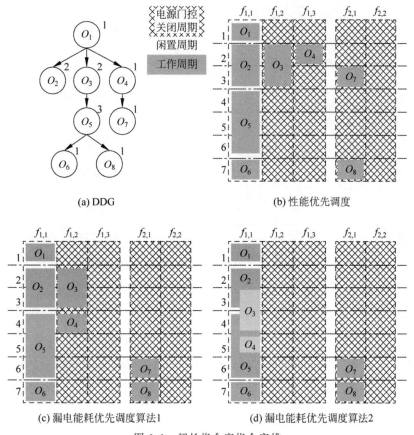

(a) DDG

(b) 性能优先调度

(c) 漏电能耗优先调度算法1

(d) 漏电能耗优先调度算法2

图 6.1　超长指令字指令安排

为了保证调度能够正常工作,调度的范围是 $S=S_H\times S_V\times\mathrm{Const.\,1}$,每次指令迁移之前都要检查这个范围是否满足。Const.1 指令的迁移受限于此次移动必须不引起资源冲突。

2. 算法描述

LARS 算法的输入是性能优先算法的得到的指令编译结果,这种性能优先算法可以由已有工作获得,例如 List 算法[10]。在 LARS 算法中,重新编译指令,通过发掘空间和时间维度上的指令迁移来降低漏电功耗。在空间维度上,指令被调度到有更高优先级的功能单元上,则可以关断优先级低的功能单元。在时间维度上,将闲置周期尽量安排在一起,减少切换开销。调度算法分为两步:横向指令迁移和纵向指令聚集。它们都是由一系列的二分法构成的,这些二分法把原来的超长指令调度一步一步转变为漏电功耗降低的调度。

LARS 算法的过程如图 6.2 所示。

1) 第一步:横向指令迁移

在得到一个性能优先指令调度的结果后,在这一步中,LARS 算法对指令进行横向的迁移。定义 3 个二分插入 g_1、g_2、g_3 作为准则,然后重复对指令进行迁移,使用这样的组合插入方法 $G=g_3g_1g_2g_1$。

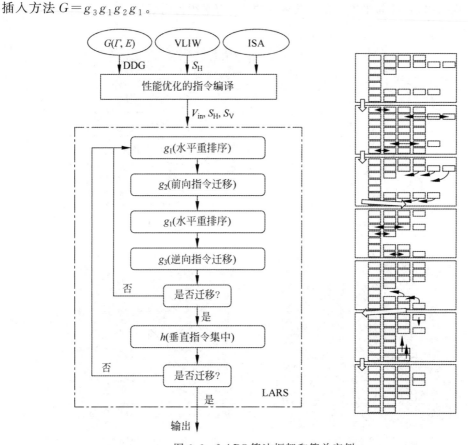

图 6.2　LARS算法框架和简单实例

定义 6.1:g_1(水平重排序):$g_1(I_i^c)=I_i'^c$,$I_i'^c$ 中的指令满足 $|S_V(o'^c_{i,a})|\leqslant|S_V(o'^c_{i,b})|$,$a<b$

定义 6.2:g_2(前向迁移):$g_2(o_{i,j}^c)=o_{i,j}^{c'}$,如果 $o_{i,j}^c\neq o_{i,j}^{c'}$,指令 $o_{i,j}^c$ 满足 $j'=j-1$,$c'=\max(t\,|\,t\in S(o_{i,j}^c),o_{i,j'}^t=\text{Null},\Delta\text{EPG}\geqslant0)$

定义 6.3:g_3(后向迁移):$g_3(o_{i,j}^c)=o_{i,j}^{c'}$,如果 $o_{i,j}^c\neq o_{i,j}^{c'}$,指令 $o_{i,j}^{c'}$ 满足 $j'=j-1$,$c'=\min(t\,|\,t\in S(o_{i,j}^c),o_{i,j'}^t=\text{Null},\Delta\text{EPG}\geqslant0)$

如图 6.3(a)所示,g_1 对每个功能单元组,每个周期的指令按照 S_V 中的升序进行置换。有较大 S_V 的指令有更大的垂直范围,可以在以下几步中被用来进行时间上的迁移。可以映射到较低优先级的功能单元中。g_2 把指令迁移到高优先级的功能单元,而且在没有 EPG 损失的前提下尽可能迁移到早的周期,如图 6.3(b)所示。只有当目的地允许而且也在调度范围内时,才能进行这样的迁移(原本是执行一个 Null)。同样,g_3 把指令迁移到高优先级的功能单元上,但是尽可能地迁移到晚的周期,如图 6.3(c)所示。

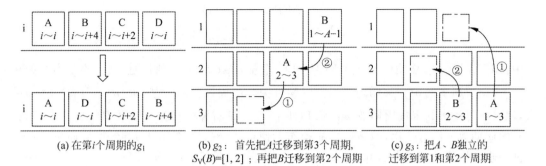

图 6.3 g_1g_2 和 g_3 示意图。S_V 的值标在指令下方

横向指令迁移（G）是一个 g_1、g_2 和 g_3 的组合。首先使用一个性能优先算法得到指令映射结果，然后对该结果重复地进行 $g_1g_2g_3$ 的指令迁移操作，直到不能再进行指令迁移为止。g_1 首先对同一周期内的指令进行重排序，把 S_V 较大的指令映射给优先级较低的功能单元。由于性能优先的算法会把指令调度到尽可能早的周期，所以 g_2 会将操作迁移到具有更高优先级的功能单元，并迁移到该功能单元空闲的最早的周期。这个迁移从最后一个周期开始，这就不会缩小前驱指令的 S_V 空间。通过这样的迁移，非关键路径上的操作（通常都具有较大的 S_V）迁移到了更高优先级功能单元的一个较晚的执行周期。采用 g_1 对操作进行空间上的重排序之后，进行 g_3 操作。类似于 g_2 的迁移方法，g_3 把操作迁移到更高优先级功能单元的一个更早的周期，并且从第一个周期开始执行。重复这样的迁移步骤组合，操作就集中到了高优先级的功能单元上面。而优先级低的功能单元利用率低、拥有更多的空闲时间，可以通过电源门控来降低漏电功耗。

2）第二步：纵向指令集中

当指令在空间上集中了之后，LARS 算法将进行纵向的指令集中（h）。在时间的维度上，增加每个功能单元的关断时间（PGI），减少闲置却没有关断的周期数，同时减少开关次数。

纵向指令集中迁移 h 尽量让所有闲置但没有关断的周期合成 PGI。由于在闲置状态时，功能单元执行 Null 指令，所以 h 会通过把 Null 指令和可执行的指令调换位置来获得 PGI 收益。

定义 6.4：$h(\{o_{i,j}^N, o_{i,j}^1, o_{i,j}^2, \cdots, o_{i,j}^T\}) = \{o'^1_{i,j}, o'^2_{i,j}, \cdots, o'^T_{i,j}\}, h = (o_{i,j}^{a_k}, o_{i,j}^T) \cdots (o_{i,j}^{a_1}, o_{i,j}^{a_2})(o_{i,j}^N, o_{i,j}^{a_1}), \Delta EPG \geqslant 1$

如上定义，h 是一系列调换的积。调换 (a, b) 表示 a 和 b 的位置交换。举例来说，$(1, 2)(1, 2, 3, 4) = (2, 1, 3, 4)$。因此，$h$ 中第一个调换是把目标的 $\text{Null}(o_{i,j}^N)$ 与 $o_{i,j}^{a_1}$ 调换，第二个是接着与 $o_{i,j}^{a_2}$ 调换，一直下去直到与 $o_{i,j}^T$ 调换，这样就把一个 Null 调换到了一个 PGI 上，让这个 PGI 多了一个闲置周期。

假设 $o_{i,j}^c = \text{Null}$，那么 $f_{i,j}$ 上可以被迁移到第 c 个周期上的指令组成一个指令集 $I_{i,j}^c$。那么这个集合的优先级是：

$$P(o_{i,j}^a) = \begin{cases} \Delta EPG, & \Delta EPG \geqslant 1 \\ \dfrac{1}{\text{dist}+1}, & \Delta EPG < 1 \end{cases} \tag{6.14}$$

其中,ΔEPG 把 $o_{i,j}^a$ 移动到第 c 个周期 EPG 增量,dist 是 $o_{i,j}^a$ 到最近 PGI 的距离。如果 $P(o_{i,j}^a) \geqslant 1$,那么把 $o_{i,j}^a$ 移动到第 c 个周期可关断的周期就增加了 $\lfloor P(o_{i,j}^a) \rfloor$,$P(o_{i,j}^a)$ 越大,就可以有越多的闲置周期被整合到 PGI 中,从而节省漏电功耗。如果 $P(o_{i,j}^a) < 1$,那么关断的周期数就没有变化,但是这样的操作也使得这个指令离 PGI 更近了,从而更有可能被进一步的措施移动到 PGI 中。

$I_{i,j}^c$ 中最高优先级的指令($o_{i,j}^{I_c}$)用来被最先使用进行路径探索。进行 $h=(o_{i,j}^c, o_{i,j}^{I_c})$,将 Null 迁移到 $o_{i,j}^{I_c}$。假设 $o_{i,j}^{I_c}=o_{i,j}^{a_1}$,那么更新 $I_{i,j}^{I_{a_1}}$ 然后 $h=(o_{i,j}^{I_c}, o_{i,j}^{I_{a_1}})(o_{i,j}^c, o_{i,j}^{I_c})$。这样,一条交换路径就建立起来了,直到一条可以使 EPG 上升的路径被找到为止。然后这样的交换就是合理的,就会采用这样的交换。否则,这种交换路径就是不可行的,就撤销一步交换来获得新的选择。这个过程重复递归知道找到一条可行路径位置,抑或是所有都被遍历了。举例来说,图 6.4(a)中的路径并不能带来 EPG 的提升,所以它是不可行的,我们也不会进行指令迁移。而对于图 6.4(b)中的路径,它把 EPG 提高了 1,就按照这个路径进行了指令迁移,具体的算法分别如图 6.5 和图 6.6 所示。

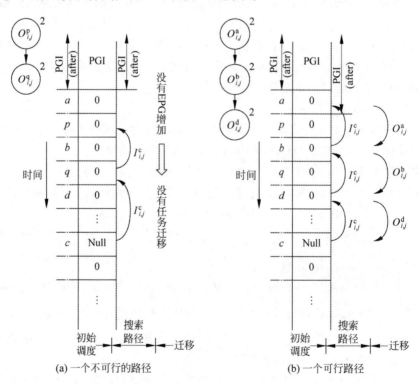

(a) 一个不可行的路径　　　　(b) 一个可行路径

图 6.4　两个闲置周期的路径

漏电功耗优化的指令重编译算法(LARS)

1: **repeat**
2:    **repeat**   ▷ G
3:       **for** $c = 1 : T, i = 1 : f$ **do**   ▷ g_1
4:          $\{o'^{c}_{i,1}, \cdots, o'^{c}_{i,n_i}\} \leftarrow$ 按照 S_V 的升序重新排列 $\{o^c_{i,1}, \cdots, o^c_{i,n_i}\}$;
5:       **end for**
6:       **for** $c = T : 1, i = 1 : f$ **do**   ▷ g_2
7:          $c' = \max(t | o^t_{i,j-1} = Null, t \in S(o^c_{i,j}))$;
8:          **if** $\Delta EPG \geq 0$ **then** $o^{c'}_{i,j-1} \leftarrow o^c_{i,j}$;
9:          **end if**
10:       **end for**
11:       **for** $c = 1 : T, i = 1 : f$ **do**   ▷ g_1
12:          $\{o'^{c}_{i,1}, \cdots, o'^{c}_{i,n_i}\} \leftarrow$ 按照 S_V 的升序重新排列 $\{o^c_{i,1}, \cdots, o^c_{i,n_i}\}$;
13:       **end for**
14:       **for** $c = 1 : T, i = 1 : f$ **do**   ▷ g_3
15:          $c' = \min(t | o^t_{i,j-1} = Null, t \in S(o^c_{i,j}))$;
16:          **if** $\Delta EPG \geqslant 0$ **then** $o^{c'}_{i,j-1} \leftarrow o^c_{i,j}$;
17:          **end if**
18:       **end for**
19:    **until** 没有可执行的迁移
20:    **for** 功能单元 $f_{i,j}$ 上的空闲周期 c **do**   ▷ h
21:       **if** IdleChg($I^c_{i,j}$) **then**
22:          该空闲周期交换路径有效;
23:       **else**
24:          该空闲周期保留在原位;
25:       **end if**
26:    **end for**
27: **until** 没有可执行的迁移

图 6.5　漏电功耗优化的指令重编译算法(LARS)

定理 6.1：上述 LARS 算法没有增加任务执行的最差周期数。

证明　由于调度范围被限制在了 $S = S_H \times S_V \times \text{Const.1}$，根据 S_V 的定义，指令都是在前驱指令之后被执行的。因此，一个核心程序的总周期数是由最后一条指令决定的。由于没有后继指令的指令不会晚于 T 周期执行，而这个周期数正好是性能优先的算法的周期数。也就是说，在 LARS 算法中，没有任何指令是在 T 周期之后执行的，所以任务执行的最差周期数目没有增加。

在这个算法中，$S = S_H \times S_V \times \text{Const.1}$ 决定了一个指令迁移是否被允许。为了避免资源冲突，每个指令迁移前都必须先检查 Const.1，S_H 保证指令迁移到正确的功能单元；更新 S_V 来保证指令间的依赖关系不被破坏。因此，提出的算法可以保证程序的顺利执行，而且保证没有性能损失。

闲置周期的路径探索算法(IdleChg)

1: $o_{i,j}^a = \max\{P(o_{i,j}^t)|\forall o_{i,j}^t \in I_{i,j}^c\}$;

2: **if** $dist_a > dist_c$ **then return** 0;

3: **else**

4:     **if** $P(o_{i,j}^a) \geq 1$ **then**

5:         把$o_{i,j}^a$迁移到周期c; **return** 1;

6:     **else**

7:         **repeat**

8:             valid=IdleChg($I_{i,j}^a$);

9:             **if** valid **then**

10:                 把$o_{i,j}^a$迁移到周期c; **return** 1;

11:             **else**

12:                 把$o_{i,j}^a$从路径$I_{i,j}^a$中移除;

13:             **end if**

14:         **until** $I_{i,j}^a = \phi$; **return** 0;

15:     **end if**

16: **end if**

图 6.6 闲置周期的路径探索算法(IdleChg)

在 LARS 算法中,垂直指令集中迁移(h)是最耗时的部分。假设 V 是指令数量,A 表示 Null 的个数,D 是 Null 到目标 PGI 的距离。那么每次进行交换时,更新 $I_{i,j}^c$;的时间复杂度是 $O(V)$。在最坏情况下,路径发现过程跟一个 B 树遍历(一个高度为 D,并有 D 个 key 的 B 树)一样,是 $O(D^2)$[11]。因此,LARS 算法的总复杂度是 $O(A \cdot D^2 \cdot V)$。

在多媒体应用中,核心程序的主要工作就是对一个像素块中的每个像素进行循环执行。一般来说,一个像素块中有几十个像素。对像素的操作是高度并行且规律的。当一个数据依赖图被提供给 LARS 算法时,有两种选择:一个是展开回路产生核心程序的数据依赖图,另一个是在回路里产生一个回路级别的数据依赖图。一般来说,对于多媒体应用回路的数量不是很大,因此对于漏电功耗优化,展开为一个核心程序的数据依赖图是一个不错的选择。如果回路数比较大,那么 LARS 算法也能适用于回路级别的数据依赖图,而且可以与回路迭代的相关算法[7]协同工作,以进行全局的漏电能耗优化。

6.3.2 温度优化的负载均衡

本节介绍一种温度优化的负载均衡算法(Temperature-Aware Workload Balance Algorithm,TAWB)来平衡同构的功能单元间的负载,并且在降低峰值温度的同时,不引入漏电能耗的升高。在温度优化的指令编译流程中,TAWB 算法是使用在 LARS 算法之后的,但是它同样适用于所有的超长指令字结构的指令编译,用来优化温度分布和降低峰值温度。

温度模型与 RC 电路的模型类似[12]。热传导可以被描述成电流,温度的变化对应为电压,热阻和热容对应于电阻和电压。根据 Skadon 等提出的功能单元温度模型[13],一个功能模块的热阻是 $R_{block} = r \cdot s/A$,热容是 $C_{block} = c \cdot s \cdot A$,其中 s 表示晶片厚度,A 表示模块面积,r

和 c 分别表示该材料的热阻率和热容率。此模型做了一阶近似，并忽略了热沉的 RC 时间常数。

一个连续工作的功能单元的温度升高如式（6.15）所示[13]：

$$\Delta\theta_i = \frac{E}{C_i} + \frac{\theta_i \Delta t}{R_i C_i} \tag{6.15}$$

其中，Δt 是一个时钟周期的时间，E 是功能单元执行指令的能耗。当功能单元连续工作 n_{work} 个周期时，温度升高是：

$$\theta_{\text{inc}} = \frac{1}{C_i} \sum_{k=1}^{n_{\text{work}}} \left(1 + \frac{\Delta t}{R_i C_i}\right)^{n_{\text{work}}-k} E_k + \frac{\theta_0 \Delta t}{R_i C_i} \tag{6.16}$$

当温度均匀变化时，集中式热容系统的时间常数是 $\tau = \rho c_{\text{p}} V / hA$，其中 ρ 表示材料的密度，c_{p} 为比热容，V 是模块体积，h 是表面和周围介质的热传导系数，A 是表面积。由于 $R = 1/hA$，$C = c_{\text{p}}\rho V$，t 时刻时热损耗后的温度是：

$$\frac{\theta_i - \theta_\infty}{\theta_0 - \theta_\infty} = \mathrm{e}^{-\frac{t}{R_i C_i}} \tag{6.17}$$

其中，θ_∞ 是最终温度，假设它是常数。n_c 周期后的温度降低表示为：

$$\theta_{\text{dec}} = (\theta_0 - \theta_\infty)\left(1 - \exp\left(-\frac{n_c \Delta t}{R_i C_i}\right)\right) \tag{6.18}$$

考虑一个功能单元有一个固定的优先级和一系列的递归的唤醒，休眠指令的调度算法。根据式（6.17）和式（6.18），当功能单元被从睡眠状态唤醒时，它的温度是：

$$\theta_{i,\text{WU}} = \theta_{i,\text{SD}} - (\theta_{i,\text{SD}} - \theta_\infty)\left(1 - \exp\left(-\frac{n_{\text{idle}} \Delta t}{R_i C_i}\right)\right) \tag{6.19}$$

其中，$\theta_{i,\text{SD}}$ 是上一个关断周期时的温度，n_{idle} 是休眠周期数。当功能单元被关断时，它的温度是：

$$\theta_{i,\text{SD}} = \kappa\theta_{i,\text{WU}} + \frac{1}{C_i} \sum_{j=1}^{n_{\text{work}}} \kappa^{n_{\text{work}}-j} E_j - (\theta_{i,\text{WU}} - \theta_\infty)(1 - \mathrm{e}^{-n_{\text{work}}(\kappa-1)}) \tag{6.20}$$

其中，$\kappa = 1 + \Delta t / R_i C_i$，$\theta_{i,\text{WU}}$ 是上一个休眠周期功能单元的温度，n_{work} 是自从上次休眠工作的周期数。临近模块间的热扩散同样影响温度。一个功能单元受热扩散影响的温度升高是：

$$H_i = \sum_{j \in \text{adj}_i} (\theta_j - \theta_i) \cdot SL_{i,j} \tag{6.21}$$

其中，adj_i 是这个功能单元的邻近模块的集合，$SL_{i,j}$ 是两个功能单元共享的边的长度[14]。因此，功能单元在每次唤醒或者关闭时的温度是：

$$\theta_{i,\text{WU}} = H_i + \theta_{i,\text{WU}}, \quad \theta_{i,\text{SD}} = H_i + \theta_{i,\text{SD}} \tag{6.22}$$

对于一个连续的指令序列，根据式（6-11），较早执行的指令会对温度产生较大的影响。因此，较长的指令序列会大幅升高功能单元的峰值温度。所以，负载应该均衡，而且连续工作周期数应该被控制。一个有效的方法是把指令平均的分配给功能单元。但是，这样做可能会导致把一个较长的指令序列分割成一系列较短的序列，导致切换开销的增长。所以这样的分隔算法和调度机制值得研究。应用上面提到的温度模型，交换唤醒和关断周期的位置达到分隔长的指令序列的目的。

TAWB 算法旨在进行负载均衡和峰值温度优化。首先,假设一个功能单元组中有 q 个功能单元,这些功能单元的指令序列是 $S = \{s_1, s_2, \cdots, s_q\}$。在之前的编译过程中,有较高优先级的功能单元的负载较重,所以我们假设 $s_1 > s_2 > \cdots > s_q$。在 S 中有一些控制功能单元的唤醒和关断指令。这些时间点叫作断点,表示为 $P(t, d, u)$。t 是断点所在的周期数,d 是关断的功能单元数,u 是唤醒的功能单元数。温度优化的负载均衡算法如图 6.7 所示。

温度优化的负载均衡

1: 激活功能单元 $f_1, f_2, \cdots, f_q$ 分别执行指令序列 $s_1, s_2, \cdots, s_q$;
2: **for** 周期 t_c **do**
3:     **if** 检测 SD/WU 点,或者 $t_c = t_{pre} + t_{up}$ 成立时 **then**
4:         **if** $t_c - t_{pre} \in [t_{low}, t_{up}]$ **then**
5:             $t_c \to P(t_c, d, u)$;
6:             更新功能单元的温度;
7:             唤醒温度最低的 u 个功能单元;
8:             关闭温度最高的 d 个功能单元;
9:             按照温度的降序排列功能单元;
10:            分别将指令序列 $s_1, s_2, s_3, \cdots$ 按顺序分配给排列好的功能单元;
11:            $t_{pre} = t_c$;
12:         **end if**
13:     **end if**
14:     $t_c = t_c + 1$;
15: **end for**

图 6.7　温度优化的负载均衡算法

TAWB 算法的处理流程如图 6.8(a)所示。首先,该算法在目标指令序列中检测到了一个断点 $P(t, d, u)$。假设前一个断点在 t_{pre} 时刻。如果 $t - t_{pre} \in [t_{low}, t_{up}]$,那么 t 就是一个交换周期。否则,如果 $t - t_{pre} < t_{low}$ 就忽略这个断点,如果 $t - t_{pre} > t_{up}$,那么这个断点就是 $P(t_{pre} + t_{up}, s', w')$。这里 $t_{low} > T_{th}$,这样可以保证 EPG 不被减少。t_{up} 是自动交换的最大周期数,这样可以保证当有很长一段时间不出现断点时,就会发生自动的指令交换。

然后,温度就会根据前面所提到的温度模型进行更新,关断温度最高的前 d 个功能单元,开启温度最低的 u 个功能单元。工作的功能单元按照温度的升序排列,然后指令序列按照优先级降序映射到功能单元中。这样,最大负载的指令序列会被调度到最低温度的功能单元上。

图 6.8(b)给出了一个 TAWB 算法的例子。在原来的调度中,功能单元组包含三个功能单元,它们有固定的优先级($f_1 > f_2 > f_3$)。下面使用两个点作为例子解释 TAWB 算法是怎样工作的。在点 1 处,f_1 负责最复杂的指令序列 s_1。$P_1(t_1, 0, 1)$ 是一个唤醒断点,它被检测到了,温度也随之更新为 $f_1 > f_2 > f_3$。唤醒最低温度的功能单元(f_3)执行 s_1,而 f_1 则用于执行 s_2。在点 2 处,所有功能单元都在工作而且 TAWB 算法检测到了一个关断点 $P_2(t_2, 1, 0)$。

由于 f_1 温度最高,因此它被关断。由于 f_2 温度高于 f_3,因此将 s_2 迁移到了 f_2。f_3 的温度仍然是最低的,可用于执行 s_1。更多的细节在温度优化的负载均衡算法中有详细的说明。

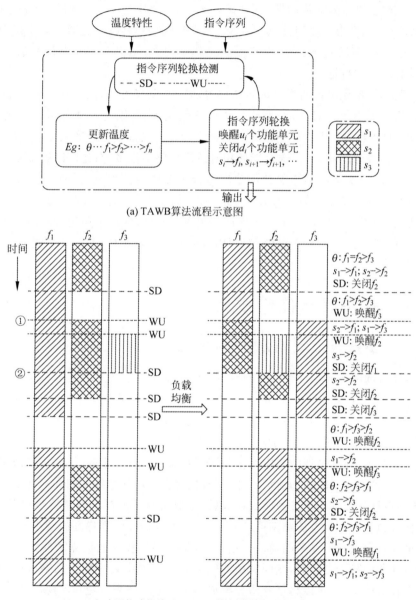

(a) TAWB算法流程示意图

(b) 3个同构功能单元(f_1, f_2, f_3)的负载均衡过程示例

图 6.8   温度管理负载均衡算法 TAWB

接下来,对该算法进行分析。对于每个交换周期,q 个功能单元的温度更新的时间复杂度是 $O(q \cdot T)$。负载分布是通过对功能单元按温度进行排序得到的,它的复杂度是

$O(q^2)^{[11]}$。假设一共有 K 个交换周期,那么 TAWB 算法的总复杂度就是 $O(qT+q^2K)$。

定理 6.2:TAWB 算法不会提高漏电功耗。

证明 在两个相邻的交换周期之间 $[p_j,p_{j+1})$,$f_1,f_2,\cdots,f_q$ 上的指令序列 $s_1,s_2,\cdots,s_q$。在负载均衡之后,指令序列变成 $\{s_1',s_2',\cdots,s_q'\}$,这是一对一的映射。对于每个 s_k,总可以找到 $i(1\leqslant i\leqslant q)$ 满足 $s_k=s_i'$。由于 $p_{j+1}-p_j\geqslant t_{low}\geqslant\tau_{TH}$,所以负载均衡后工作状态并没有改变,因此,定理得证。

由于对同功能单元组内的指令进行迁移时功耗并没有改变,因此总的动态能耗并没有在负载均衡后发生变化。而且,切换能耗也没有发生改变,因为只要邻近的交换周期小于 t_{up},关断和唤醒断点的个数就不会改变。当两个相邻交换周期的距离大于 t_{up} 时,交换指令就会带来一个额外的能耗 e_{pg}。这个能耗相对总能耗要小很多,因此可以被忽略。

尽管 TAWB 算法将 LARS 算法的输出进行了负载的再均衡,这两个算法并不是互相矛盾的。这是因为 LARS 算法是作用在每个时钟周期上的,而 TAWB 算法是作用在一个交换周期上的,交换周期要比一个时钟周期长很多。而且,根据上述定理,TAWB 算法不会提高漏电能耗。因此,LARS 算法和 TAWB 算法可以很好地协同使用,以此来降低漏电能耗和峰值温度。

6.4　众核任务调度优化技术

6.4.1　多任务子图划分和子网分配

面向温度管理的多应用任务调度问题可以被描述为:

给定一系列的任务图 $\{G_0,G_1,\cdots,G_{N_G-1}\}$ 和片上网络架构 $M[N_x,N_y]$,找到一种应用到多核架构 $M[N_x,N_y]$ 的任务调度算法,使得在处理完所有应用之后,所有核的最高温度 T_{max} 最低,同时引入尽可能小的通信开销 E_{comm}。

如图 6.9 所示,温度管理的多应用任务调度算法分为 3 个步骤。首先,把应用划分为多个子任务图,并且减少子图间的通信。然后,根据每个子图的执行时间和当前的片上温度分布,每个子图都被分配到一个子网区域。最后,完成每对子图和子网格区域内的任务调度,同时调节任务执行时核的电压频率值,以实现功耗的降低和温度梯度的减小。

为了避免由负载均衡导致的通信开销上升,将那些有较大通信需求的任务映射到同一计算核或者相邻的核上。因此,相同应用的任务应该被集中到一块子网络区域内。而对于那些有很多任务的应用,可以将任务图分解成多个任务子图来避免长距离的通信,而且将通信较多的任务分配到同一个子图上,这样子图间的通信开销可以最小化。应用中的任务数量越来越多,这使得遍历所有的子图划分方式需要很大的计算量。因此,提出了一个启发式算法来解决子图划分问题(SGP)。

图 6.10 给出了 SGP 算法主要流程。假设一共有 N_G 个应用,分别用 $\{G_0,G_1,\cdots,G_{N_G-1}\}$ 表示。经过 SGP 算法之后,G_i 被分割成 $N_{sg,i}$ 个子图 $\{SG_{i,0},SG_{i,1},\cdots,$

$SG_{i,N_{\text{sg},i}-1}\}$。总的子图个数是 $N_{\text{sub}}=\sum\limits_{i=0}^{N_G}N_{\text{sg},i}$。

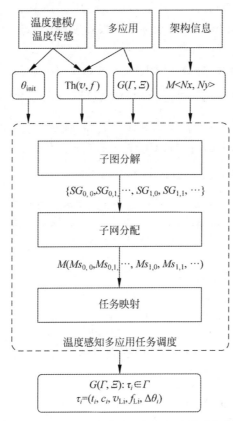

图 6.9　温度管理的多应用任务调度算法架构

　　在 SGP 算法中,任务数量最多的任务图被首先分割成两个子图。然后,找到有最多任务的子图或任务图,继续将其分割成两个子图,直到一共生成了 N_{sub} 个子图。在每次分割中,假设每个待分割的子图都是有弱连接的有向图。也就是说,每一对节点在该图对应的无向图中都有连接路径(否则,这个子图就可以直接被拆分成两个子图而不引入任何通信开销)。首先,选择一个起始边 $e_{i,j}$,并将两个任务分别划分到不同的两个子图(用 B_0,B_1 表示),即分配任务 τ_i 到 B_0,任务 τ_j 到 B_1。然后根据规则 6.1～6.5 将图划分成两个子图。在这些规则中,$PRE(B_0)$、$PRE(B_1)$ 分别是 B_0 和 B_1 中所有任务的前驱任务集合,$\Delta cm_{i,j}$ 是由子图分割引起的通信开销增加。分割线所经过的所有边的通信之和就是分割后的子图间的通信开销。分割是在所有以 $e_{i,j}$ 为起始边的分割中引入的通信开销最小的。然后遍历每条边为起始边,最后找出通信开销最小的作为起始边,对应的划分方法为最终的子图划分方法。

　　规则 6.1　$\forall\tau_i\in SG_C$,如果 $\tau_i\in PRE(B_0)$ 且 $\tau_i\notin PRE(B_1)$,那么任务 τ_i 就被划分到 B_0。

规则 6.2 $\forall \tau_i \in SG_C$，如果 $\tau_i \in \text{SUC}(B_1)$ 且 $\tau_i \notin \text{SUC}(B_0)$，那么任务 τ_i 就被划分到 B_1。

规则 6.3 如果 $\exists \text{path}_{i \to j}$，$\tau_i \in B_0$ 和 $\tau_j \in B_1$，而且 $e_{a,b} = \min\{e_{k,h}\}$，$\forall e_{k,h} \in \text{path}_{i \to j}$，那么 τ_a 和它在 $\text{path}_{i \to j}$ 上的前驱任务被划分到 B_0，τ_b 和它在 $\text{path}_{i \to j}$ 上的后继任务被划分到 B_1。

规则 6.4 如果 $\tau_k \in \text{PRE}(\tau_i) \bigcup \text{PRE}(\tau_j)$，$\tau_i \in B_0$ 且 $\tau_j \in B_1$，那么

$$\Delta cm_{k,i} = \sum_{\forall \text{path}_{k \to i}} \min(\{e_{h,l} \mid e_{h,l} \in \text{path}_{k \to i}\}), \Delta cm_{k,j} = \sum_{\forall \text{path}_{k \to j}} \min(\{e_{h,l} \mid e_{h,l} \in \text{path}_{k \to j}\})$$

如果 $\Delta cm_{k,i} < \Delta cm_{k,j}$，那么任务 τ_k 被划分。否则将其划分到 B_0。

规则 6.5 如果 $\tau_k \in \text{SUC}(\tau_i) \bigcup \text{SUC}(\tau_j)$，$\tau_i \in B_0$ 且 $\tau_j \in B_1$，那么

$$\Delta cm_{i,k} = \sum_{\forall \text{path}_{i \to k}} \min(\{e_{h,l} \mid e_{h,l} \in \text{path}_{i \to k}\}), \Delta cm_{j,k} = \sum_{\forall \text{path}_{j \to k}} \min(\{e_{h,l} \mid e_{h,l} \in \text{path}_{j \to k}\})$$

如果 $\Delta cm_{i,k} < \Delta cm_{j,k}$，那么任务 τ_k 被划分到 B_1。否则将其划分到 B_0。

SGP算法

1: **repeat**
2:     SG_c 为任务数最多的子图;
3:     **for** $e_{i,j} \in SG_c$ **do**
4:         $\tau_i \to B_0, \tau_j \to B_1, \tau_k \in SG_c$;
5:         **if** $\tau_k \in \text{PRE}(B_0), \tau_k \notin \text{PRE}(B_1)$ **then**
6:             $\tau_k \in B_0$;
7:         **else if** $\tau_k \notin \text{SUC}(B_0), \tau_k \in \text{SUC}(B_1)$ **then**
8:             $\tau_k \in B_1$;
9:         **else if** $\tau_k \in \text{PRE}(\tau_i) \cup \text{PRE}(\tau_j)$ **then**
10:             找到路径 $\text{path}_{k \to i}$ 和 $\text{path}_{k \to j}$ 中 $\Delta cm_{\min}$ 对应的边，并执行划分;
11:         **else if** $\tau_k \in \text{SUC}(\tau_i) \cup \text{SUC}(\tau_j)$ **then**
12:             找到路径 $\text{path}_{i \to k}$ 和 $\text{path}_{j \to k}$ 中 $\Delta cm_{\min}$ 对应的边，并执行划分;
13:         **end if**
14:         **for** $\tau_a \in B_0, \tau_b \in B_1$ **do**
15:             找到 $\text{path}_{a \to b}$ 中 $\Delta cm_{\min}$ 对应的边，并执行划分;
16:         **end for**
17:     **end for**
18:     选择核间通信最小的划分;
19: **until** 得到 N_{sub} 个子图.

图 6.10   SGP 算法

图 6.11 中给出了 SGP 算法的一个实例。如图 6.11(a)所示，两个应用共有 13 个任务，并将被划分成 3 个子图。首先，G_0 比 G_1 有更多的任务，因此对 G_0 进行划分。假设边 $e_{1,3}$ 被首先选作起始边，而且 τ_1 和 τ_3 分别被分配到 B_0 和 B_1。（B_0 和 B_1 的任务分别用灰色和黑色的方格表示）。根据规则 6.2，τ_9 被分配到 B_1。如果 τ_1 和 τ_3 的共同后继任务 τ_7 被分配给 B_0，那么子图间通信就增加了 $\Delta cm_{3,7} = e_{3,7} = 5$。否则，$\Delta cm_{1,7} = e_{5,7} = 1$。因此，将

τ_7 分配给 B_1，然后 τ_2 和 τ_5 分配给 B_0，如图 6.11(d)所示。下一个就是 τ_8，它是 τ_2 和 τ_7 共同的后继任务。$\text{path}_{2\to8}$ 上最小权重的边是 $e_{6,8}$。如果 τ_8 被分配给 B_1，$\Delta cm_{2,8} = e_{6,8} = 2$。否则，$\Delta cm_{7,8} = e_{7,8} = 6$。所以，$\tau_8$ 被划分给 B_1，τ_4 和 τ_6 划分给 B_0。在遍历所有可能的起始边之后，SGP 算法的输出结果就是：$SG_{0,0} = \{\tau_1, \tau_2, \tau_4, \tau_5, \tau_6\}$，$SG_{0,1} = \{\tau_3, \tau_7, \tau_8, \tau_9\}$，$SG_1 = \{\tau_{10}, \tau_{11}, \tau_{12}, \tau_{13}\}$。

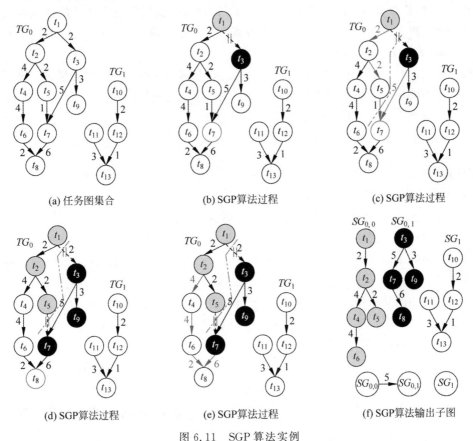

(a) 任务图集合　　　　(b) SGP算法过程　　　　(c) SGP算法过程

(d) SGP算法过程　　　　(e) SGP算法过程　　　　(f) SGP算法输出子图

图 6.11　SGP 算法实例

在把多个应用划分为子图之后，需要为每个子图分配一个子网格区域。每个子网格是由不超过两个 $M[N_x, N_y]$ 中矩形区域组成的。每个矩形区域表示为 $Ms[\langle x_0, y_0 \rangle, \langle x_1, y_1 \rangle]$，其中 $\langle x_0, y_0 \rangle$ 是该矩形区域左上方的核，而 $\langle x_1, y_1 \rangle$ 是右下方的核。

子网格区域的大小是由其对应子图的执行时间、周期，以及子网格当前包含的计算核温度分布共同决定的。子网格区域的时序约束为：

$$\sum_{i=0}^{N_x N_y - 1} f_i \geqslant \sum_{i=0}^{N_G - 1} \text{EXE}_{\text{sg},i} / P_i \tag{6.23}$$

其中，f_i 是 C_i 的频率 $\text{EXE}_{\text{sg},i}$ 是 SG_i 的总执行周期数。在单位时间内，所有核的时钟周期数不应少于待执行任务的周期数之和。同时，温度较高的核应尽量降低运行速度，来降低该核的温度,从而避免温度热点产生。因此,首先根据核的当前温度情况为其估计一个合适的工作频率,并在此基础上选择一个合适的子网格区域分配给子图。这样既保证了有足够的核分配给子图,以保证其性能需要,也使得高温度的核可以以降低速度工作,而降低系统的峰值温度。

最开始,温度最低的核(表示为 $C_{\min}$)被设定工作在(v_h , f_h)(最高电压和频率)下。其他核的电压/频率等级设定需要保证其处理完当前应用后,其最终温度不超过核 $C_{\min}$ 的最终温度。同时,检查系统的时序要求,如果得不到满足,那么最终温度最低的核则提高其电压/频率等级,重复这个过程直到时序约束得到满足为止。通过这样的做法,确定了每个核的估计频率,表示为$\{ f_{\text{est},0} , f_{\text{est},1} , \cdots \}$。

SMA 算法如图 6.12 所示。首先,SMA 为每个任务图分配一个子网格区域。子网格的规模由任务图的执行周期和当前包含在子网格内核的温度共同决定。运行时间长的子图需要更多的计算核;而温度较高的核需要工作在较低的频率,因此提供给子网格的性能支持更低。子网格的总执行周期数是 $M_{S_j} = \text{EXE}_{\text{sm},j} = \sum\limits_{C_i \in S_j} P_j f_i$,这个数值应该大于任务图 G_j 的执行周期。在子网格的生成过程中,每个子网格都针对一个任务图。核 $C_{0,0}$ 作为任务图 G_0 的起始核。M_{S_0} 的区域通过增加矩形区域的面积而扩张。

对于具有子图的任务图 G_i,可采用子图空间扩散算法。其子图表示为$\{ SG_{i,0} , SG_{i,1} , \cdots \}$,在该任务图对应的子网格 M_{S_i} 内,每个子图都被分配给一个更小的子网格区域。由于同一个任务图的不同子图间可能会有通信,所以在两个子图对应的子网格区域可以通过重叠而保有共享核,用 $OV_{i,j} = Ms_{i,j} \bigcap Ms_{i,k} , (j , k \in [0 , N_{\text{sg},i} - 1])$ 来表示。规则 6.6～6.7 用于限制一个子网内的共享核的数量,其中,α 是合并因子其算法步骤见图 6.13。

规则 6.6 如果子网格有共享核,那么子网格的执行周期数应该大于子图的执行周期数,但是不大于它的 α 倍。表示为:

$$\text{EXE}_{\text{sg},i} + \text{EXE}_{\text{sg},j} < \text{EXE}_{\text{ms},i} + \text{EXE}_{\text{ms},j} \leqslant (\alpha + 1)(\text{EXE}_{\text{sg},i} + \text{EXE}_{\text{sg},j}) , (\exists C_x \in Ms_i \bigcap Ms_j) \tag{6.24}$$

规则 6.7 子网格的共享核的执行周期数应该大于 α 倍的子网格总执行周期数。表示为:

$$\sum_{C_k \in Ms_i \bigcap Ms_x} \text{EXE}_{\text{est},k} > \alpha \text{EXE}_{\text{ms},i} \tag{6.25}$$

图 6.14 给出了 SMA 的实例。考虑 3 个应用,其中包含 6 个子图的情况。如图 6.14(a)所示,这些子图将会被映射到一个 5×5 的片上网络上。其中片上的温度分布给定,而估计频率也根据算法 2 由不同颜色给出,见图 6.14(b)。子网空间扩展过程由图 6.14(c)～(d)给出。一个 $m \times m$ 的子网首先扩展到 $m \times (m+1)$,通过从第$(m+1)$列的顶部增加,再从第$(m+1)$行左边增加核,扩展到$(m+1) \times (m+1)$。当子网格不能再在垂直方向上进行扩展时,只在水平方向对其进行扩展,见图 6.14(d)。另外,子网格左上方的核都一定会被加入子网格,只要它们不属于其他子网格。5×5 的片上网络被分成 3 个子网格,供 3 个任务图使用,见图 6.14(e)。G_0 被映射到 $Ms_0 = \{ [\langle 0,0 \rangle , \langle 1,1 \rangle] \}$,$G_1$ 被映射到 $Ms_1 = \{ [\langle 0,2 \rangle ,$

$\langle 2,4 \rangle]\}$,而 G_2 被映射到 $Ms_2 = \{[\langle 2,0 \rangle, \langle 2,1 \rangle], [\langle 3,0 \rangle, \langle 4,4 \rangle]\}$。然后给任务图 G_1 和 G_2 中的子图分配子网格,如图 6.14(f)所示。$C_{1,3}$ 是 $Ms_{1,0}$ 和 $Ms_{1,1}$ 的共享核。$C_{3,1}$ 是 $Ms_{2,0}$ 和 $Ms_{2,2}$ 的共享核。

SMA算法

1: % *PART I*: 计算核工作频率估计.
2: $C_{\text{MinT}} \rightarrow \langle v_{k}, f_{k} \rangle$;
3: **for** $C_i \in M\langle N_x, N_y \rangle$ **do**
4:     $C_i \rightarrow \langle v_{k}, f_{k} \rangle$;
5:     **repeat**
6:         将核 C_i 的 V/F 级别降低一级;
7:         计算计算核 C_i 在其 V/F 级别处理完该应用的最终温度 T_{f,C_i};
8:     **until** $T_{f,C_i} \leqslant T_{f,C_{\text{minT}}}$
9: **end for**
10: **if** $\sum_{i \in [0, N_x N_y - 1]} P_i f_i < \sum_{O \in [1, N_G - 1]} \text{EXE}_{\text{sg},i}$ **then**
11:     **repeat**
12:         将核 $C_{\text{MinT}f}$ 的 V/F 级别升高一级;
13:     **until** $\sum_{i \in [0, N_x N_y - 1]} P_i f_i \geqslant \sum_{O \in [1, N_G - 1]} \text{EXE}_{\text{sg},i}$.
14: **end if**
15: % *PART II*: 任务图的子网格分配.
16: 当前任务图 $TG_c = TG_0$. 起始核为 $C_{\text{st}} = [0,0]$;
17: **repeat**
18:     $Ms_c =$ 子网格空间探索算法(TG_c, C_{st});
19:     $TG_c = TG_{c+1}$;
20:     C_{st} 为左上方空闲核;
21: **until** $c = N_r - 1$.
22: % *PART III*: 子图的子网格分配.
23: **for** 有子图的任务图 TG_i **do**
24:     $SG_{i,c} = SG_{i,0}$, C_{st} 为子网格 Ms_i 的左上方核;
25:     **repeat**
26:         **if** $\text{comm}_{\text{pre} \rightarrow \text{cur}} > 0$ **then**
27:             将子网格 Ms_{pre} 的左上方核加入子网格 $Ms_{i,c}$;
28:         **end if**
29:     **until** 满足规则7.
30:     **repeat**
31:         $Ms_{i,c} =$ 子网格扩张算法$(SG_{i,c}, C_{\text{st}})$;
32:         $SG_{i,c} = \{SG_{i,j} | \max_{j = \text{not\_sched}} \text{comm}_{\text{sg}_{i,c} \rightarrow \text{sg}_{i,j}}\}$
33:         C_{st} 为子网格 Ms_i 的左上方核;
34:     **until** 任务图 TG_i 中的所有子图都得到分配.
35: **end for**

图 6.12　SMA 算法

子图空间扩张算法

1: 输入: 子图 G_c, 起始计算核 $C_{st} = (x_0, y_0)$;

2: 子网格 $Ms = [\langle x_0, y_0 \rangle, \langle x_0 + m, y_0 + n \rangle], (m = n = 0)$;

3: **repeat**

4:     **if** 核 $(x_0 + m + 1, y_0 - 1)$ 为空闲状态 **then**

5:         **repeat**

6:             将子网格 Ms' 从 $\langle x_0 + m + 1, y_0 - 1 \rangle$ 扩展到 $[\langle x_0 + m + 1, 0 \rangle, \langle x_0 + m + 1, y_0 - 1 \rangle]$;

7:             **until** 核 $(x_0 + m + 1, i)$ 为已被占用, 或者规则 6.6, 6.7 已得到满足

8:     **end if**

9:     **if** $m = n$ 或者 $y_0 + n < N_y - 1$ **then**

10:         将子网格 Ms' 从 $\langle x_0, y_0 + n + 1 \rangle$ 扩展到 $[\langle x_0, y_0 + n + 1 \rangle, \langle x_0 + m, y_0 + n + 1 \rangle]$;

11:         $Ms = Ms + Ms'$;

12:     **else**

13:         将子网格 Ms' 从 $\langle x_0 + m + 1, y_0 \rangle$ 扩展到 $[\langle x_0 + m + 1, y_0 \rangle, \langle x_0 + m + 1, y_0 + n \rangle]$;

14:         子网格 $Ms = Ms + Ms'$;

15:     **end if**

16: **until** 满足规则 6.6, 6.7

图 6.13 子图空间扩张算法

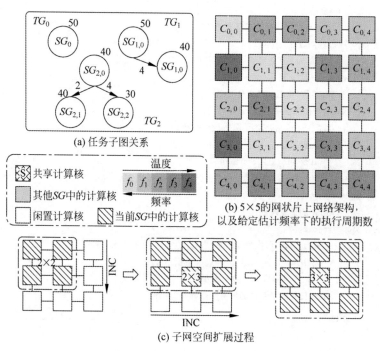

(a) 任务子图关系

(b) 5×5 的网状片上网络架构, 以及给定估计频率下的执行周期数

(c) 子网空间扩展过程

图 6.14 一个 SMA 算法的实例

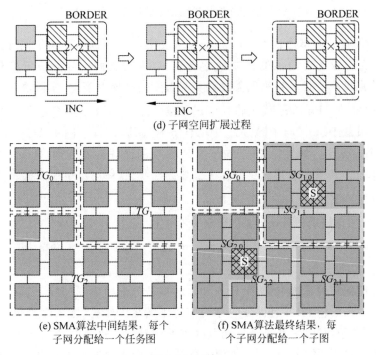

(d) 子网空间扩展过程

(e) SMA算法中间结果，每个
子网分配给一个任务图

(f) SMA算法最终结果，每
个子网分配给一个子图

图 6.14　（续）

6.4.2　启发式子任务映射

首先，在进行任务映射之前，应该对任务图中任务的温度状况进行分析。不同的任务可能会给核带来不同的温度变化。例如，一个有着很重的计算需求的任务可能会有着更高的功耗密度，并以此导致更高的温度升高。由于任务执行时的电压/频率值的不同，温度的变化也会不同。因此，对于每个任务图 G 中的任务 τ_i，首先根据前面提到的温度模型来计算 $\Delta\theta_i(v,f)$。$\Delta\theta_i(v_{vf_j},f_{vf_j})=\theta_{i,j}-\theta_{\text{init}}$，其中 θ_{init} 是在任务执行之前的计算核初始温度。$\theta_{i,j}$ 是任务 τ_i 在电压/频率(v_{vf_j},f_{vf_j})下执行之后的温度。在当任务以较低电压/频率执行，其温度升高 $\Delta\theta$ 会更低，这是由于这种情况下的功耗密度更小。根据上述的方法，构建了一个任务在不同电压/频率下温度升高的查找表。

通过任务温度特性的提取，提出一个任务映射的启发式算法，来解决每对子图和子网格内部的任务映射和电压/频率选择问题。首先需要考虑任务会给核带来的温度升高，从而设法平衡片上温度的分布。比如，温度较高的核应该尽量映射少的工作量，而把工作尽量映射到温度低的核上去。因此，当映射任务 τ_j 时，核 c_i 的优先级定义为 PRI_i^j。有 4 个参数将影响到任务调度的优先级，温度系数 $TH_i^j(v,f)$，相邻核热扩散引起的温度上升 Adj_i^j，核的绝对位置参数 Pos_i，以及共享核参数 Border_i^j。

$TH_i^j(v,f)$ 是将任务 τ_j 映射到核 c_i，且工作在电压/频率(v,f)下的温度升高。

$TH_i^j(v,f)=\theta_i+\Delta\theta_j(v,f)$。$\mathrm{Adj}_i^j$ 是相邻核热扩散带来的温度变化。$\mathrm{Adj}_i^j=\sum\limits_{c_k\in\mathrm{Adj}(c_i)}s_{k,i}(\theta_k-\theta_i)$。

这里，$s_{k,i}$ 是相邻核的共享边长度。Pos_i 是一个表征到 c_i 不同核距离不同导致的热传导不同的参数。处在边缘或者角落的模块通常会更热，因为它们所处的位置散热更差。因此 Pos_i 被设定为温度模型计算出来的温度和实际温度的平均温度差（实际温度是由文献[15]中的仿真器获得的）。Border_i^j 代表将任务 τ_j 映射到核 c_i 时，c_i 是否是一个共享核，或者是一个边界核。如果任务 τ_j 与子图 SG_c 中的任务有通信，而且子网格 Ms_c 与核 c_i 相邻，那么核 c_i 是一个边界核。如果任务 τ_j 与子图 SG_c 中的任务有通信，并且 Ms_c 包含 c_i，那么 c_i 是一个共享核。共享核和边界核的优先级要高一些，这样可以更加降低通信距离。

$$\mathrm{PRI}_i^j=1/(TH_i^j(v,f)+\mathrm{Adj}_i^j+\mathrm{Pos}_i)+\mathrm{Border}_i^j \tag{6.26}$$

$$\mathrm{Border}_i^j=\begin{cases}2 & \text{如果任务 }\tau_j\text{ 与子图 }SG_c\text{ 有通信，且核 }c_i\in Ms_c\\ 1 & \text{如果任务 }\tau_j\text{ 与子图 }SG_c\text{ 有通信，且核 }c_i\in\text{ 子网格 }Ms_c\text{ 相邻}\\ 0 & \text{其他}\end{cases} \tag{6.27}$$

在启发式任务映射算法中，每个任务开始时都被分配给电压/频率最高的级别，然后被映射到优先级最高的核上，并且保证时序约束得到满足。然后，逐步改善映射的性能，逐步把任务的电压/频率值降低，并且迁移到温度更低的核上。每次降低任务的电压频率时，寻找降低该任务的电压/频率能得到最大温度优化且不会破坏时序约束的任务。当再也不能进行任何电压/频率调整之后，从最高温的核开始任务迁移。$\Delta\theta$ 最高的任务被迁移到温度最低的核，同时保证低温核的时序约束不被破坏。在完成电压/频率调整和任务迁移之后，每个核的温度进行更新。算法的详细步骤在图 6.15 中给出。

任务映射启发式算法

1: **for** 每个子图 SG_c 及其对应的子网格 $Ms_c,c\in[0,N_{\mathrm{sub}}-1]$ **do**
2:     **for** $\tau_j\in SG_c$ **do**
3:         $C_i=\{C_x|\max_{C_x\in Ms_c}\mathrm{PRI}_x^j(v_{ft},f_{ft})\}$，且满足 $\sum_{\tau_x\in C_i}t_x/f_{ft}+t_j/f_{ft}<P_i$；
4:         把任务 τ_j 映射到核 C_i；
5:     **end for**
6: **end for**
7: **repeat**
8:     **for** $C_i\in M\langle N_x,N_y\rangle$ **do**
9:         **repeat**
10:             $\delta\theta_x=\Delta\theta(v_{vf_x},f_{vf_x})-\Delta\theta(v_{vf_x-1},f_{vf_x-1})$；
11:             $\delta\theta_j=\max\delta\theta_x,\forall\tau_x\in C_i$；
12:             **if** $\sum_{\tau_x\in C_i}t_x/f_{vf_x}+t_j(\frac{1}{f_{vf_j-1}}-\frac{1}{f_{vf_j}})<P_c$ **then**
13:                 任务 τ_j 的V/F级别降低到(v_{Lj-1},f_{Lj-1})；
14:             **end if**
15:         **until** 没有其他可执行的任务缩减
16:     **end for**
17: **repeat**

图 6.15 任务映射启发式算法

```
18:        $C_i = \{C_x | \max_{C_x \in M(N_x,N_y)} \theta_x\}$;
19:        for 当前核 $C_i$ 的所有任务 do
20:            $\tau_j = \{\tau_x | \max_{\tau_x \in C_i} \Delta\theta\}$;
21:            找到满足 $\sum_{\tau_x \in C_{min}} t_x/f_{vf_x} + t_j/f_{vf_j} < P_c$ 和 $\theta_{C_{min}} + \Delta\theta_{\tau_j} < \theta_{C_i}$ 的所有核中
                温度最低的核 $C_{min}$;
22:            将任务 $\tau_j$ 从核 $C_i$ 迁移到核 $C_{min}$;
23:        end for
24:    until 没有其他可执行的 V/F 缩减
25: until 没有其他可执行的任务迁移或 V/F 缩减
```

图 6.15 （续）

6.5 小结

本章主要介绍了处理器能耗与优化技术。本章首先讨论了处理器能耗和温度优化的原理以及相关数学模型，接着分别从处理器核指令调度和众核多任务调度两个方面讨论了处理器能耗和温度优化。具体地，首先提出了一种面向漏电功耗和温度控制协同优化的指令编译设计流程，可以有效地实现功耗和温度的同时优化。并且分别提出了漏电功耗优化的指令重编译算法和温度优化的负载均衡策略，这两种算法都是通过编译器辅助的指令编译实现的。此外，本章还提出了一个基于温度管理的任务映射机制。针对基于片上网络的众核系统，该机制通过平衡多任务负载实现峰值温度的最优化。为了减少引入额外的通信开销，进一步提出了子网格分配策略，为每个任务图分配一个子网格，来避免并行化时产生的长距离通信的问题。在进行子网格分配时，充分考虑了当前的片上温度分布，以避免因此带来的温度优化损失。然后，在每组分配好的子网格和子图内进行任务映射。任务映射算法综合考虑了当前的计算核温度，临近核的温度影响，物理位置的影响，以及通信开销。

参考文献

［1］ Tsai Y, Ankadi A, Vijaykrishnan N, et al. ChipPower: An Architecture-Level Leakage Simulator ［C］//Proceedings of the IEEE International SOC Conference (SOCC), Santa Clara, CA, USA, 2004: 395-398.

［2］ Huang W, Allen-Ware M, Carter J, et al. Temperature-Aware Architecture: Lessons and Opportunities［J］. IEEE Micro, 2011, 31(3): 82-86.

［3］ Borkar S. Design Challenges of Technology Scaling［J］. IEEE Micro, 1999, 19(4): 23-29.

［4］ Kim W, Gupta M, Wei G, et al. System Level Analysis of Fast, Per-Core DVFS Using On-Chip Switching Regulators［C］//Proceedings of the IEEE International Symposium on High Performance Computer Architecture (HPCA), Salt Lake City, UT, USA, 2008: 123-134.

［5］ Benini L, Bogliolo A, Micheli G D. A Survey of Design Techniques for System-Level Dynamic Power Management［J］. IEEE Transactions on Very Large Scale Integration (VLSI) Systems, 2000, 8(3):

299-316.

[6]   Nagpal R, Srikant Y. Compiler-Assisted Power Optimization for Clustered VLIW Architectures[J]. Parallel Computing, 2011, 37(1): 42-59.

[7]   Wang M, Wang Y, Liu D, et al. Compiler-Assisted Leakage-Aware Loop Scheduling for Embedded VLIW DSP Processors[J]. Journal of Systems and Software, 2010, 83(5): 772-785.

[8]   Mutyam M, Li F, Narayanan V, et al. Compiler-Directed Thermal Management for VLIW Functional Units[J]. SIGPLAN Notices, 2006, 41(7): 163-172.

[9]   Kim H, Vijaykrishnan N, Kandemir M, et al. Adapting Instruction Level Parallelism for Optimizing Leakage in VLIW Architectures[J]. SIGPLAN Notices, 2003, 38(7): 275-283.

[10]   Landskov D, Davidson S, Shriver B, et al. Local Microcode Compaction Techniques[J]. ACM Computing Survey, 1980, 12(3): 261-294.

[11]   Cormen T, Leiserson C, Rivest R, et al. Introduction to Algorithms[M]. Cambridge, MA, USA: MIT Press, 2001.

[12]   Monchiero M, Canal R, Gonz'alez A. Design Space Exploration for Multicore Architectures: A Power/Performance/Thermal View [C]//Proceedings of the International Conference on Supercomputing, New York, NY, USA, 2006: 177-186.

[13]   Skadron K, Abdelzaher T, Stan M. Control-Theoretic Techniques and Thermal-RC Modeling for Accurate and Localized Dynamic Thermal Management[C]//Proceedings of the IEEE International Symposium on High Performance Computer Architecture (HPCA), Boston, MA, USA, 2002: 17-28.

[14]   Han Y, Koren I, Moritz C. Temperature Aware Floorplanning[C]//Proceedings of the Second Workshop on Temperature-Aware Computer Systems, Madison, WI, USA, 2005.

[15]   Huang W, Ghosh S, Velusamy S, et al. HotSpot: A Compact Thermal Modeling Methodology for Early-Stage VLSI Design[J]. IEEE Transactions on Very Large Scale Integration (VLSI) Systems, 2006, 14(5): 501-513.

图 书 资 源 支 持

感谢您一直以来对清华大学出版社图书的支持和爱护。为了配合本书的使用，本书提供配套的资源，有需求的读者请扫描下方的"书圈"微信公众号二维码，在图书专区下载，也可以拨打电话或发送电子邮件咨询。

如果您在使用本书的过程中遇到了什么问题，或者有相关图书出版计划，也请您发邮件告诉我们，以便我们更好地为您服务。

我们的联系方式：

地　　址：北京市海淀区双清路学研大厦 A 座 701

邮　　编：100084

电　　话：010-83470236　010-83470237

资源下载：http://www.tup.com.cn

客服邮箱：tupjsj@vip.163.com

QQ：2301891038（请写明您的单位和姓名）

用微信扫一扫右边的二维码，即可关注清华大学出版社公众号。

教学资源·教学样书·新书信息

人工智能科学与技术
人工智能|电子通信|自动控制

资料下载·样书申请

书圈